『十三五』国家重点图书、音像、电子出版物规划项目

天工巧匠

覆斗苍穹：蒙古包营造技艺及文化

纳日松 著

中华传统工艺集成

冯立昇 董杰 主编

山东教育出版社
·济南·

图书在版编目（CIP）数据

覆斗苍穹：蒙古包营造技艺及文化 / 纳日松著 . — 济南 ：
山东教育出版社，2024.9
（天工巧匠：中华传统工艺集成 / 冯立昇，董杰主编）
ISBN 978-7-5701-2859-4

Ⅰ.①覆… Ⅱ.①纳… Ⅲ.①蒙古族－民居－介绍－介绍－
中国 Ⅳ.①TU241.5

中国国家版本馆CIP数据核字（2024）第010848号

TIANGONG QIAOJIANG——ZHONGHUA CHUANTONG GONGYI JICHENG
天工巧匠——中华传统工艺集成 冯立昇 董杰 主编
FU DOU CANGQIONG: MENGGUBAO YINGZAO JIYI JI WENHUA
覆斗苍穹：蒙古包营造技艺及文化 纳日松 著

主管单位：山东出版传媒股份有限公司
出版发行：山东教育出版社
地　　址：济南市市中区二环南路2066号4区1号　　邮编：250003
电　　话：0531-82092660　　网址：www.sjs.com.cn
印　　刷：山东黄氏印务有限公司
版　　次：2024年9月第1版
印　　次：2024年9月第1次印刷
开　　本：710毫米×1000毫米　1/16
印　　张：7.75
字　　数：121千
定　　价：58.00元

如有印装质量问题，请与印刷厂联系调换。电话：0531-55575077

编委会

作者简介

纳日松，蒙古族，1963 年生，国家高级摄影师。多部作品参加平遥国际摄影大展。先后获得内蒙古摄影家协会摄影“百花奖”、锡林郭勒盟艺术家评审委员会“优秀摄影家”称号、第二届中国少数民族摄影师奖等。

总序

中华文明是世界上历史悠久且未曾中断的文明，这是中华民族能够屹立于世界民族之林且能够坚定文化自信的前提。中国是传统技艺大国，源远流长的传统工艺有着丰富的科技和人文内涵。古代的人工制品和物质文化遗产大多出自能工巧匠之手，是传统工艺的产物。中国工匠文化的传承发展，形成了独特的工匠精神，在中国历史长河中延绵不绝。可以说，中华传统工艺在赓续中华文脉和维护民族精神特质方面发挥了重要的作用。

传统工艺主要指手工业生产实践中蕴含的技术、工艺或技能，各种传统工艺与社会生产、人们的日常生活密切相关，并由群体或个体世代传承和发展。传统工艺的历史文化价值是不言而喻的。即使在当今社会和日常生活中，传统工艺仍被广泛应用，为民众所喜闻乐见，具有重要的现代价值，对维系中国的文化命脉和保存民族特质产生了不可替代的作用。

近几十年来，随着工业化和城镇化进程的不断加快，特别是受到经济全球化的影响，传统工艺及其文化受到了极大的冲击，其传承发展面临着严峻的挑战。而传统工艺一旦失传，往往会造成难以挽回的文化损失。因此，保护传承和振兴发展中华传统工艺是我们义不容辞的责任。

传统工艺是非物质文化遗产的重要组成部分。2003年10月，联合国教科文组织通过《保护非物质文化遗产公约》，其中界定的“非物质文化遗产”中包括传统手工技艺。2004年，中国加入《保护非物质文化遗产公约》，传统工艺也成为我国非遗保护工作的一大要项。此后十多年，我国在政策方面，对传统工艺以抢救、保护为主。不让这些珍贵的文化遗产在工业化浪潮和城乡变迁中湮没失传非常重要。但从文化自觉和文明传承的高度看，仅仅开展保护工作是不够的，还应当重视传统工艺的振兴与发展。只有通过在实践中创新发展，传统工艺的延续、弘扬才能真正实现。

2015年，党的十八届五中全会决议提出“构建中华优秀传统文化传承体系，加强文化遗产保护，振兴传统工艺”的决策。2017年2月，中共中央办公厅、国务院办公厅印发了《关于实施中华优秀传统文化传承发展工程的意见》，明确提出了七大任务，其中的第三项是“保护传承文化遗产”，包括“实施传统工艺振兴计划”。2017年3月，国务院办公厅转发了文化部、工业和信息化部、财政部《中国传统工艺振兴计划》。这些重大决策和部署，彰显了国家层面对传统工艺振兴的重视。

《中国传统工艺振兴计划》的出台为传统工艺的发展带来了新的契机，近年来各级政府部门对传统工艺的保护和振兴更加重视，加大了支持力度，社会各界对传统工艺的关注明显上升。在此背景下，由内蒙古师范大学科学技术史研究院和中国科学技术史学会传统工艺研究会共同策划和组织了《天工巧匠——中华传统工艺集成》丛书的编撰工作，并得到了山东教育出版社和社会各界的大力支持，该丛书也先后被列为“十三五”国家重点图书出版规划项目和国家出版基金资助项目。

传统手工技艺具有鲜明的地域性，自然环境、人文环境、技术环境和习俗传统的不同，以及各民族长期以来交往交流交融，对传统工艺的形成和发展影响极大。不同地域和民族的传统工艺，其内容的丰富性和多样性，往往超出我们的想象。如何传承和发展富有地域特色的珍贵传统工艺，是振兴传统工艺的重要课题。长期以来，学界从行业、学科领域等多个角度开展传统工艺研究，取得了丰硕的成果，但目前对地域性和专题性的调查研究还相对薄弱，亟待加强。《天工巧匠——中华传统工艺集成》丛书旨在促进地域性和专题性的传统工艺调查研究的开展，进一步阐释其文化多样性和科技与文化的价值内涵。

《天工巧匠——中华传统工艺集成》首批出版13册，精选鄂温克族桦树皮制作技艺、赫哲族鱼皮制作技艺、回族雕刻技艺、蒙古族奶食制作技艺、内蒙古传统壁画制作技艺、蒙古族弓箭制作技艺、蒙古族马鞍制作技艺、蒙古族传统擀毡技艺、蒙古包营造技艺、北方传统油脂制作技艺、乌拉特银器制作技艺、勒勒车制作技艺、马头琴制作技艺等13项各民族代表性传统工艺，涉及我国民众的衣、食、住、行、用等各个领域，以图文并茂的方式展现每种工艺的历史脉络、文化内涵、工艺流程、特征价值等，深入探讨各项工艺的保护、传承与振兴路径及其在文旅融合、产业扶贫等方面的重要意义。需要说明的是，在一些书名中，我们将传统技艺与相应的少数民族名称相结合，并不意味着该项技艺是这个少数民族所独创或独有。我们知道，数千年来，中华大地上的各个民族都在交往交流交融中共同创造和运用着各种生产方式、生产工具和生产技术，形成了水乳交融的生活习俗，即便是具有鲜明民族特色的文化风情，也处处蕴含着中华民族共创共享的文化基因。因此，任何一门传统工艺都绝非某个民族所独创或独有，而是各民族的先辈们集体智慧的结晶。之所以有些传统工艺前要加上某个民族的名称，是想告诉人们，在该项技艺创造和传承的漫长历程中，该民族发挥了突出的作用，作出了重要的贡献。在每本著作的行文中，我们也能看到，作者都是在中华民族的大视域下来探讨某项传统工艺，而这些传统工艺也成为当地铸牢中华民族共同体意识的文化基石。

本套丛书重点关注了三个方面的内容：一是守护好各民族共有的精神家园，梳理代表性传统工艺的传承现状、基本特征和振兴方略，彰显民族文化自信。二是客观论述各民族在工艺文化方面的交往交流交融的事实，展现各民族在传统工艺传承、创新和发展方面的贡献。三是阐述传统工艺的现实意义和当代价值，探索传统工艺的数字化保护方法，对新时代民族传统工艺传承和振兴提出建设性意见。

中华文化博大精深，具有历史价值、文化价值、艺术价值、科技价值和现代价值的中华传统工艺项目也数不胜数。因此，我们所编撰的这套丛书并不仅限于首批出版的13册，后续还将在全国遴选保护完好、传承有序和振兴发展成效显著的传统工艺项目，并聘请行业内的资深学者撰写高质量著作，不断充实和完善《天工巧匠——中华传统工艺集成》，使其成为一套文化自信、底蕴厚重的珍品丛书，为促进传统工艺振兴发展和推进传统工艺学术研究尽绵薄之力。

冯立昇

2024年8月25日

序一

蒙古包的情缘

我跟纳日松先生相识，完全是蒙古包做的媒。

2015年，“五一”假期后的一天，我与纳日松先生第一次在呼和浩特市一座茶馆相见。牵线的是内蒙古大学薛晓先教授，说要给我介绍一位研究蒙古包的年轻人。我们一接谈，一种骨子里的文化认同感，立刻就把我俩摽在一起，有倾吐不完的话。他当时是苏尼特左旗旅游局局长，正在筹划建立蒙古包博物馆。

第二次是2017年12月底，我帮乌拉特后旗建立了一座蒙古包文化园，相关单位邀我给讲堂课。纳日松先生也去了。他说他已退居二线，专门从事蒙古包的研究。这次我才知道，他是新华社签约摄影师、内蒙古摄影家协会理事、锡林郭勒盟摄影家协会副主席、苏尼特左旗摄影家协会主席、蒙古包文化研究基地负责人。这对于研究蒙古包的我来说，无疑是如虎添翼。

最近一次见面，他拿着厚厚的一叠打印稿来找我，让我给他写篇序文。我欣然应允。浏览一遍，这一配了近200张图片的图文并茂的稿件，果然了得。遂写下这些读后感，与纳日松先生共勉，并求教于热爱蒙古包的有识之士。

第一，这是“此中人”写的学术书，作者是蒙古族，从小在牧区长大。“我出生在牧人家园，闻惯天窗上干牛粪的炊烟。苍茫无际的原野，是我成长的大摇篮。”他在巴音宝力道公社读小学时，每到假期就回家帮着放羊、捡牛粪。1976年秋到旗里就读初中，那时住在距学校6千米外的伊和格日的表兄家的蒙古包里，骑着马上学。1978年春，父亲从公社调到旗里以后，因为机关家属房紧缺，他们在林场办公室西侧搭建了蒙古包居住。1979年秋，也就从这座蒙古包里，纳日松考入了锡林郭勒盟民族中学高中。蒙古包不仅是他的栖身之地，更是他温馨的家园和终身的记忆。他就带着这份感情，读了很多描述蒙古包的蒙汉文著作，觉得时代呼唤，使命在肩，有必要写一本自己的著作。他想到做到。这部著作，倾注了作者的智慧、作者的心血，充满了亲历者的体验和自豪感。

第二，作者不是牧人，也不是学者，他是多年的公务员，是基层干部，曾任苏尼特左旗文体广电局局长、教育局局长、旅游局局长，了解党的农村牧区政策，多年从事宣传文化教育事业，时刻关心民族文化，关注蒙古包的命运与它在转型期的职能变化。他是从理论家和基层领导的双重身份看待蒙古包的，指出蒙古包必须与时俱进，提出蒙古包和蒙古包建筑双轨并行发展的概念；尽快推进新型产业模式——“共享牧场”的理念；采取“定居+小游牧”的模式，促进生态文明建设，落实“绿水青山就是金山银山”的根本要求。

第三，作者不是学院派的教授，而是从蒙古包走出来的实业家。他亲自考察了苏尼特左旗、阿巴嘎旗、锡林浩特市、西乌珠穆沁旗等，对“传统蒙古包已不适应今天的草原”得出了否定的结论，认为蒙古包的搭建和迁徙，本身就是畜牧业生产生态修复的一个环节，蒙古包的存在与草原“五畜”的经营方式和草原生态同命相连。改革开放40多年的发展，牧区出现了“小康住宅+

蒙古包”的模式，显示出蒙古包顽强的生命力和与大自然的默契性。作者调查发现，从20世纪90年代起，民间就已经出现牲畜寄养的模式，有了比较规范的管理和内部结算方式，这就为新型经济联合体——“共享牧场”的提出提供了基础和经验，也为全域旅游造福于草原创造了初步条件。他还把460型太阳计时蒙古包变成可看可摸可使用的实体。所谓460型蒙古包，就是4扇哈纳、60根乌尼做成的蒙古包。几百年来，数千万的牧民住过这种蒙古包，而且以太阳照进蒙古包的光影计算时间，安排一天和四季的牧业生产，形成了牧区妇孺皆知的术语，也被许多学者写进了书里。他认为460型太阳计时蒙古包这种既能居住又能计时的奇物，能够吸引旅游者的眼球，这也是他把蒙古包作为草原全域旅游的对象考虑的一个原因。只有学者和实业家融为一体的人，才有这种高瞻远瞩的眼光与思考。

当然，作为一本实用和理论结合的著作，在理论的探索方面，有的地方似乎欠深一点。但是纳日松还很年轻，随着实践的开拓、政策的深入，他会更加成熟和老道，著述也会更加精彩。

是为序。

郭雨桥*

---

*郭雨桥：内蒙古作家协会专业作家，文学翻译家协会副主席，著有《郭氏蒙古通》《森吉德玛与野情谣》等。

序二

好马一跃千里，好汉一诺千金

承蒙摄影家纳日松之托，有幸拜读其《覆斗苍穹：蒙古包营造技艺及文化》一书初稿。纳日松数十年对摄影艺术的热爱和对传承草原文化的执着追求所取得的成就，再一次触动了我的心灵。我和纳日松是1983年就认识的老相识了，早已成为志同道合的好友，常常在一起谈论各自的理想和追求，每当他的摄影作品或是我的诗歌刊登在报刊上时，我们都会相互祝贺，相互鼓励，至今未曾改变。

早在40多年前的1978年，当时还属于偏远落后地区的苏尼特左旗，别说有什么摄影家，就连会照相的人都寥寥无几。在那个年代里，正值血气方刚的纳日松，就已经怀揣着当一名草原摄影家的梦想了，也正因此，他成了草原深处屈指可数的摄影人之一。在这40多年间，他走遍了苏尼特草原的山山水水，用其敏锐的视角记录着草原的无限魅力。美丽的草原、淳朴的民风、勤劳的牧人，以及改革开放以来40多年间苏尼特草原的沧桑巨变，在他数以万计的摄影作品中展现得淋漓尽致。在这40多年间，他无论在学校读书还是在机关工作，在出色地完成学习任务和本职工作的同时，从未放弃对摄影的那份热爱。从某种角度讲，对摄影的热爱就是对草原的热爱、对家乡的热爱，也正是这种恒久深沉的爱，成为纳日松智慧的源泉和奋进的动力。“言必信，行必果”可谓是纳日松引以为傲的个性。40多年前，他暗下决心要用镜头记录草原的每一个精彩瞬间；40多个春秋，他放飞梦想。现如今，他已成为区内外闻名的摄影大家。

纳日松从20年前就主张并致力于蒙古包文化的传承与保护，先后在2006年举办“苏尼特传统蒙古包风俗展示”、2007年举办“苏尼特左旗最美蒙古包评比”、2019年举办“苏尼特左旗传统蒙古包评比大赛”等卓有成效的活动；2017年通过向自治区积极申报，还为苏尼特左旗争得“内蒙古蒙古包文化之乡”和“内蒙古蒙古包文化研究基地”之美誉。正是因为有纳日松对蒙古包文化传承与保护的默默付出和积极奉献，并为之执着不断努力，蒙古包才得到越来越多的人的认可。纳日松说：“研究蒙古包文化让我结识了更多关注蒙古包、传承蒙古包文化的杰出人士，拓宽了视野，增强了信心，这使我对蒙古包文化的发掘与研究产生了更加浓厚的兴趣。”

由纳日松撰写的这本书是他近20年来关注蒙古包文化、研究蒙古包文化的结晶。该书共分“蒙古包溯源”“蒙古包营造技艺”“蒙古包布局与礼俗”“蒙古包蕴含的智慧”“蒙古包的文化传承”等五大篇章，是深入、全面、正确了解蒙古包及蒙古包文化不可多得的一本好书。

他在该书中对蒙古包的起源、蒙古包和蒙古包建筑的发展壮大、蒙古包文化的循环经济理念、蒙古包在草原生态修复中的重要作用、旅游业迅速发展时代蒙古包的价值、如何发挥蒙古包的经济效益、如何将蒙古包与畜牧业挂钩、如何将蒙古包与定居和游牧生活有效结合、如何在不违背蒙古包传统文化基本理念的前提下进行结构创新等诸多方面提出了独到的见解。

作为生长在炊烟升起的蒙古包、沐浴在悠久灿烂的蒙古包文化中的草原之子，纳日松扛着背包、手提相机，在广袤的草原上经历40多个春夏秋冬，将草原牧人蒙古包里的点点滴滴悉数记录，将一个个无法重演的真实画面、精彩瞬间变成了永恒的记忆。该书充分体现了纳日松对蒙古包文化传承与发展所倾注的心血和执着的追求，也是他摄影事业盛开的又一朵绚丽之花。纳日松曾说："要为挖掘草原文化做一些事，草原文化挖掘的切入点是蒙古包，明白了蒙古包的一切，才是踏进草原文化研究的第一道门槛，我要为此出一份力。"今天，他做到了！由此，我为好友的成就而欣慰、祝贺！以此，我以蒙古族一句谚语"好马一跃千里，好汉一诺千金！"为序目。

尧·额尔登陶克陶*

---

*尧·额尔登陶克陶：蒙古族作家，著名诗人，苏尼特左旗人大常委会原副主任。

目录

引言

蒙古包是工匠技艺的产物。

蒙古包是草原文化的源头。

蒙古包是游牧民族文化的象征。

蒙古包是蒙古族牧民特有的民居。

蒙古包是游牧民族特有的文化模式。

蒙古包适合于牧业生产和游牧生活。

蒙古包是制作和搬迁都很方便的房子。

蒙古包使用的材料是小原木和五畜的副产品。

蒙古包是游牧民族人、畜、自然生态平衡的产物。

蒙古包是草原文化、游牧文化、草原生态研究的切入点。

蒙古包首先是家的概念，是温暖的家园，是牧人的精神支柱和与大自然和谐生存的智慧结晶，其后才是民居。

蒙古包，适合蒙古高原自然环境，适合游牧经济绿色可持续发展的需求，承载着生态保护与应用、传承与延伸的使命。

中国人类学家吴文藻先生于20世纪30年代到锡林郭勒盟考察蒙古包并发表《蒙古包》考察报告。他在报告中写道：“蒙古包是蒙古族人物质文化中最显著的特征。可以说，明白了蒙古包的一切，便是明白了一般蒙古族人的现实生活。”这句话精辟地指出了蒙古包在游牧人生活中占有的重要地位。

当代学者的著述，如内蒙古的嘎林达尔主编的《蒙古包传统礼仪》，扎格尔主编的《蒙古族民俗文化·居住文化》，郭雨桥撰写的《细说蒙古包》，巴·布和朝鲁编著的《蒙古包文化》，中国人民政治协商会议东乌珠穆沁旗委员会编写的《蒙古包文化》，达来巴雅尔编著的《蒙古包》，均为国内详备的蒙古包研究作品。蒙古国的麦达尔、达力苏荣、沙日布道尔吉等也出版了研究蒙古包的专著，其中麦达尔、达力苏荣合著的《蒙古包》一书结合考古学、人类学、历史学、民俗学、建筑学等多学科知识，对蒙古包进行了较为全面的研究。

2013年9月，内蒙古社会科学院启动实施“内蒙古民族文化建设研究工程”。从收集到的210项备选的文化符号中，最终评出内蒙古大草原、马头琴、那达慕、蒙古包、成吉思汗、草原英雄小姐妹、蒙古文、敖包、蒙古马、红山玉龙等十项文化符号。这些文化符号成为内蒙古民族文化走向全国、走向世界的“华丽名片”。2015年7月1日，内蒙古自治区党委宣传部召开新闻发布会，对外公布了“内蒙古十大文化符号”评选结果。

2019年4月，内蒙古自治区党委宣传部举办“草原上的蒙古包设计大赛”。大赛共有270组选手报名，收到204份有效作品，最终有25组作品入围。2019年9月22日，作为第四届内蒙古文化产业博览交易会的一项重要内容，主办方展示了入围作品的图纸和模型。部分入围作品的设计者和蒙古包研究学者，共聚内蒙古国际会展中心的蒙古马精神主题会馆，参加了“草原上的蒙古包”论坛，围绕蒙古包的未来发展趋势进行了深入探讨。2019年9月在北京延庆举办了“乡村的荣耀·2019年第三届北方民宿大会”，会上提出要全面提升民宿产业的核心竞争力。

图 1

图 2

蒙古包是内蒙古大草原最鲜明的符号，是草原游牧民族传统生活方式的集中体现，也是游牧民族文化最强有力的代表，因此被列为“内蒙古十大文化符号”之一。蒙古包这一特色民居也引起了更多人的重视。蒙古包是游牧民族特有的文化模式，它伴随着游牧民族走过了漫长的岁月。从蒙古包的发展、演变轨迹，我们可以看出游牧文化的发展，也可以看出蒙古包在草原畜牧业经济和草原生态建设中发挥的作用，以及其体现出的游牧民族的生存智慧。（图1、图2）

第一章 蒙古包溯源

第一节　草原上的蒙古包

蒙古包是草原文化的源头。吴团英在《草原文化与游牧文化》中写道："所谓的草原文化，就是世代生息在草原这一特定的自然生态环境中的历代不同族群的人们共同创造的文化。它是草原生态环境和生活在这一环境下的人们相互作用、相互选择的结果，既具有显著的草原生态禀赋，又蕴涵着草原人民的智慧结晶，包括其生产方式、生活方式及基于生产方式、生活方式而形成的价值观念、思维方式、审美趣味、宗教信仰、道德情操等。可以说，草原文化是一种特色鲜明、内涵丰富、具有广泛影响力的文化形态，是迄今为止人类社会最重要的文化形态之一。"

对大多数人而言，一提起草原文化，可能首先在脑海里浮现的是蒙古包。但草原文化发展到今天，从内容到形式已呈现多样化，蒙古包更贴切地说应该是游牧文化的象征，在草原文化中也有很重的痕迹。蒙古包是游牧民族特有的文化模式，它伴随着游牧民族走过了漫长的年代。距今两千至三千年，自匈奴时代起，蒙古包就已经出现，并一直沿用至今。几千年来，蒙古包不断适应所处的自然环境和游牧生活，表现出强大的生命力。

在《草原上的蒙古包》一文中，作者写道：

茫茫绿海中，屹立着一个个屋顶圆圆、极富特色的建筑——蒙古包！

蒙古包看上去小巧玲珑，端庄可爱，可“肚子”里的空间却十分庞大，像个小仓库，堆积着各色各样的用品。它室内空气流通，不闷不热。太阳晒进来暖洋洋，冬日飘雪也照样暖和，炎炎夏日也成了一处乘凉之地，快活自在。

蒙古族属于游牧民族，这蒙古包不怕狂风吹，也不怕暴雨打，在茫茫草原上，成了一种固若金汤的“城堡”。

蒙古包构造敦厚，以木杆子作为其主要支撑部件，这是蒙古包能够屹立不倒的主要原因。依蒙古族人的做法，之后就是将毛毡做其屋顶、墙壁，覆盖在木杆子上面。这其实是人类早期的建筑形式，骨架形结构是人类智慧的结晶。这是多么令人赞叹啊！

蒙古包的搭建位置也很讲究，综合考量了地形、气候、环境等各种因素。包门开向东南，巧妙地避开了西伯利亚的强冷空气，同时也是沿袭着他们吉祥古老的传统——面对日出的方向。包内中央安放着不大不小的一个火炉，火炉旁安放着炊具，火炉顶上的奇妙之处，莫过于开了个小天窗。火炉边铺着地毡，摆着极为精致的雕花木桌。包门西侧悬挂着牧人的马鞭、弓箭等用具，彰显着游牧民族的个性。

蒙古包是蒙古族得以在草原生存的必备的栖身之所，是游牧文化最闪亮的瑰宝！（原文有改动）

这是初次到草原的学生金姜灵近距离接触蒙古包后的感受。

北朝民歌《敕勒歌》写道：

敕勒川，
阴山下。
天似穹庐，
笼盖四野。
天苍苍，
野茫茫，
风吹草低见牛羊。

图3

这是一首敕勒人唱的民歌，是由鲜卑语译成汉语的。它歌颂大草原的景色和游牧民族的生活。开头两句“敕勒川，阴山下”，交代敕勒川位于高耸云霄的阴山脚下，草原的背景十分雄伟。接着两句“天似穹庐，笼盖四野”，敕勒人用自己生活中的“穹庐”做比喻，说天空如毡制的圆顶大帐篷，盖住草原的四面八方，以此来形容极目远望天野相接、无比壮阔的景象。这种景象只在大草原或大海上才能见到。最后三句“天苍苍，野茫茫，风吹草低见牛羊”是一幅壮阔无比、生机勃勃的草原全景图。“风吹草低见牛羊”，一阵风儿吹弯了牧草，显露出成群的牛羊，多么形象生动地写出了这里水草丰盛、牛羊肥壮的景象。全诗寥寥二十余字，就展现出我国古代牧民生活的壮丽图景。

蒙古族的历史源远流长，“随畜牧而转移，逐水草而迁徙”的游牧生活造就了这一移动的住所——蒙古包。蒙古包中蕴含着很多蒙古族的文化和习俗，蒙古包是草原文化的凝结点，是了解游牧文化和蒙古人的窗口。（图3）

如今的蒙古包随着社会经济的发展和产业结构升级的需求，出现了传统蒙古包的延伸形态——蒙古包建筑。（图4）这些传

图 4

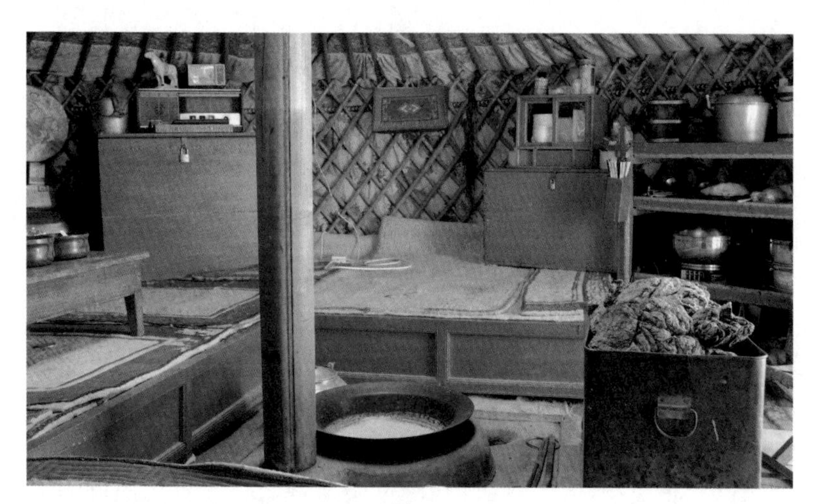

图 5

统与现代结合的形态，较好地解决了保护与传承、改进与发展的矛盾。传统蒙古包（图5）浑身上下都充满游牧智慧，蒙古包建筑不断地吸收和借鉴蒙古包的诸多科学原理，现已形成传统蒙古包与蒙古包建筑双轨并行发展的局面。

今天，说起蒙古包，大部分人都知道是蒙古人的民居，也能够联想到蒙古马、成吉思汗和大草原，这唤起他们到草原来感受蒙古包的热情。

图 6

图 7

图 8

图 9

2008年以来的“小康住宅+蒙古包”的游牧民族定居思路，解决了游牧民族定居后出现的诸多问题。（图6）2016年，牧区兴起了蒙古包地暖，居住十多年的砖瓦房和使用土暖的牧民，又开始住进了蒙古包。（图7）这说明蒙古包更适用于分散居住地区牧民的生产生活。（图8）

现在，内蒙古中北部草原已出现每家牧户砖瓦房配蒙古包，即“小康住宅+蒙古包”的牧区新景象。（图9）

第二节　蒙古包的形成与溯源

蒙古包的形成经过了一个漫长的历史过程。猿人住天然山洞，古人改造天然山洞以利于居住，今人则自己制造“洞室”。在地下挖一个洞，沿洞壁用木头、石头等砌起来，砌得齐至洞沿时，再在洞中栽一排木杆，与木石墙平齐，上面搭一些横木封顶，就成了洞室——乌尔斡。洞顶要留一个口子，靠口子斜支一根粗木通到洞底，上面刻一些简单的壕作为梯子，供人出入使用。口子兼有走烟、出气、采光、通风等多种功能，后来就发展为蒙古包的门和天窗。

随着原始人类由采集向狩猎过渡，活动范围越来越大，同时也把一部分食草动物逐渐驯化成家畜，出现了畜牧业的雏形。随着生产生活方式的转变，迫切要求一种便于迁徙的居室出现，于是窝棚之类的居所应运而生。窝棚再向前一步，支架变成哈纳，并跟前面提到的洞顶结合在一起，便有了蒙古包的雏形。

蒙古包是对蒙古族牧民住房的称呼。“包”是“家”“屋”的意思。古称穹庐，又称毡帐、帐幕、毡包等。蒙古语称“格儿”，满语为“蒙古包”或“蒙古博”。游牧民族为适应游牧生活而创造的这种居所，易于拆装，便于游牧。自匈奴时代起就已出现，一直沿用至今。

在历史上，许多东西方旅行家、探险家、学者在他们的著作里都提到过蒙古包。鲁不鲁乞，法国人，1253年受法国国王派遣出使蒙古，写出《东游记》。《东游记》载：“他们把这些帐幕做得如此之大，以至有时可达三十英尺宽。因为我有一次量一辆车在地上留下的两道轮迹之间的宽度，为二十英尺。我曾经数过，有一辆车用二十二匹牛拉一座帐篷……”据宋朝彭大雅撰、徐霆疏证的《黑鞑事略》记载：“穹庐有二样。燕京之制，用柳木为骨，正如南方罘罳，可以卷舒，面前开门，上如伞骨，顶开一窍，谓之天窗，皆以毡为衣，马上可载。草地之制，用柳木织成硬圈，径用毡挽定，不可卷舒，车上载行。”辽人赵良嗣诗曰：“朔风吹雪下鸡山，烛暗穹庐夜色寒。”穹庐就是蒙古包。欲了解蒙古人的现实生活，首当认识蒙古包，因为这是蒙古物质文化中最显著的特征。我们也可以说，明白了蒙古包的一切，便是明白了一般蒙古人的现实生活。明朝肖大亨的《北虏风俗》、清代张穆的《蒙古游牧记》，还有13世纪中叶约翰·普兰诺·嘉宾尼、威廉·鲁布鲁克等人的旅行记以及《马可·波罗游记》等，这些著作中都对蒙古包有浮光掠影般的描述。如在《马可·波罗游记》里说蒙古包是木杆和毛毡制作的圆状房屋，可以折叠，迁移时叠成一捆拉在四轮车上，搭盖时总是把门朝南等。

蒙古包外形看起来虽小，包内使用面积却很大，而且室内空气流通，采光条件好，冬暖夏凉，不怕风吹雨打，非常适合经常转场放牧的牧民居住和使用。

蒙古包的种类很多，各个地方的蒙古包也有或多或少的区别。这些区别是游牧民族的住宅文化经历漫长的历史演变的结果。如果说16世纪前的蒙古包是在实践经验的基础上制作的，那么以后的蒙古包则是在建筑理论指导下逐渐趋于完善的。

蒙古包从材料到结构再到形状，无不体现出游牧民族的生存智慧。（图10）蒙古包是草原文化的象征，它的内外承载着蒙古族的审美观、价值观、情感和祈愿，从中可以发现蒙古族的民俗文化和生存智慧。

蒙古包在漫长的历史演变过程中，逐步形成了适应蒙古高原自然环境、游牧民族生产生活需求、生态保护需求的内在特性，这些特性使得蒙古包具有长久不衰的研究传承价值。

图10

第三节　蒙古包与蒙古包建筑

草原生态修复和草原畜牧业生产离不开便于搬迁的传统蒙古包。为了适应现代生活和草原旅游业的需求，民间逐步形成了传统蒙古包和新兴蒙古包建筑双轨并行发展的形态。基于调研中发现的实际情况和蒙古包与蒙古包建筑双轨并行发展的理念，本书把蒙古包与蒙古包建筑分开进行研究。

蒙古包是智力与技艺的产物，是文化与经济融合于一体的易拆装搬迁和搭建且兼顾生产工具用途的住所。（图11）蒙古包建筑是融合蒙古包文化元素，运用新材料、新技术建造的现代建筑物。（图12）蒙古包不仅是住宅，它更是蒙古族社会的一个缩

图 11

图 12

图 13

图 14

影，是人类建筑文化的重要组成部分，也是草原生态保护和循环经济的教科书。（图13）蒙古包建筑是受到蒙古包文化影响的、与时俱进的、满足现代人需求的新型建筑。二者的双轨并行发展是蒙古高原传统畜牧业和现代旅游业并行发展的结果。

蒙古包和蒙古包建筑都是游牧民族的智慧结晶，它们以典型的建筑艺术形式、独特的建筑结构、浓郁的地域特色，以及与自然环境和游牧文化的完美融合，在中国乃至世界建筑史上占有一席之地。（图14）

图 15

几千年来，在漫长的历史演变过程中，蒙古包逐步形成了适应蒙古高原自然环境、适应游牧经济生产生活需求、适应生态保护需求的内在文化元素。蒙古包文化不仅体现在蒙古包的形状方面，还体现在材料的选用，羊毛、驼毛、马鬃、马尾的选择搭配，以及蒙古包的空间与布局，草牧场的选择、迁徙、扎寨等方面，这些都是与大自然和谐相处的智慧。（图15）

随着畜牧业从游牧到定居再到“定居+小游牧”的转变，住所也相应转变，从蒙古包到砖瓦结构的小康住宅，再到“小康住宅+蒙古包”。（图16、图17）在这个转变的过程中，人们加深了对草原文化、生态环境以及蒙古包的认识，蒙古包和蒙古包建筑双轨并行发展的理念逐步形成。（图18）

图 16

图 17

图 18

图 19

作为旅游经济的一部分，蒙古包建筑是对草原经济的补充和提升。（图19）但是蒙古包建筑的后续维护技术和成本，牧民难以独自完成，这是亟待解决的一个问题。另外，蒙古包建筑对蒙古包所包含的生态保护智慧、循环经济理念等的吸收，还有很长的路要走。

图 20

有人以为，蒙古包随着游牧民族的定居而衰退，已经基本退出历史的舞台，已经落后于时代的发展。其实，当下蒙古

图 21

包所承载的文化、建筑、生态及经济等方面的意义依然深远。（图20、图21）蒙古包承载的文化意义，凸显出的审美观念、礼仪原则、开拓精神等，还在潜移默化地影响着人们的观念和行为。作为一种特有的民居，蒙古包元素广泛地体现在现代化的建筑物上。

第二章 蒙古包营造技艺

第一节　蒙古包的结构与制作

蒙古包是根据北方游牧民族的生活方式形成的一种独具特色的民居。它在漫长的历史长河中沉淀，最终定格在现在所常见的蒙古包的形态。它主要由架木结构（图22）、毛毡覆盖（维护）（图23）、绳索加固（图24）三大体系的多个零部件组装而成。

一、架木结构体系

架木是蒙古包的骨架，其中包括套脑、乌尼、哈纳、木门和柱子等。各种结构配件的选材也不一样，制作流程可先可后，互

图 22

图 23

图 24

不影响。其中套脑和哈纳制作工艺比较复杂。

（一）套脑

套脑是天窗，它是蒙古包的圆形采光、通风口，位于蒙古包的顶部，视为架木的首脑。它的尺寸决定了蒙古包其他部件的大小。蒙古包的套脑一般分联结式和插椽式两种。两种套脑的区别在于：联结式套脑（图25）的横木是分开的，由两件组合而成，这种套脑搬运方便；插椽式套脑（图26）不能拆卸，比较耐用。联结式套脑有三个圈（图27），外面的圈上有许多伸出的小木条，称之为指（图28），用来连接乌尼。这种套脑和乌尼是连在一起的，因为一分为二，运载起来十分方便。插椽式套脑则是把乌尼直接插入套脑外圈上的插孔中。

图 25

图 26

图 27

图 28

制作套脑的木料要求木质好，一般用檀木或榆木制作，要求没有疖子，没有裂缝，没有弯曲。插椽式套脑分内外两个圈，内、外圈用十字交叉的横木连接为一个整体。（图29）固定内圈的四根小木条称为达嘎。（图30）套脑的大小以横木（东西走向）的长度为标准。横木用“拃”来计量，一般说四拃长的套脑、五拃长的套脑等。（图31）套脑不是平的，是拱形的。

图 29

图 30

蒙古包常用长度计量单位

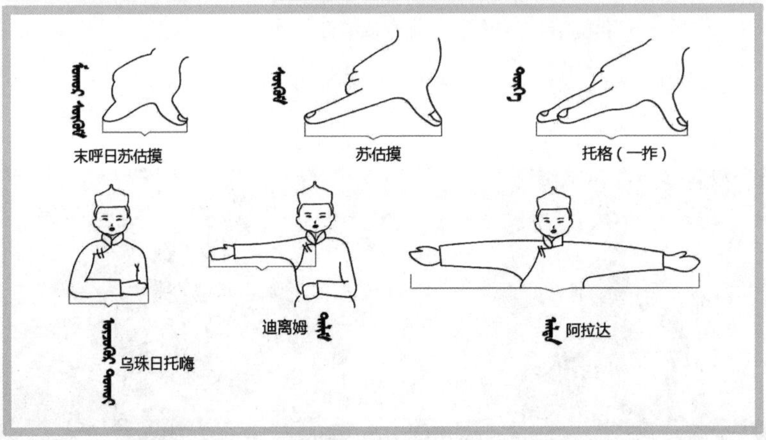

末呼日苏估摸

苏估摸

托格（一拃）

乌珠日托嗨

迪离姆

阿拉达

图 31

蒙古包的祝词里说道：

> 灿烂的阳光照耀的套脑，
> 清爽的空气流通的套脑，
> 形似金色法轮旋转的套脑，
> 献上圣洁的食物来祝福套脑。

这些句子生动地勾勒出了套脑的形状和作用，而套脑和乌尼在一起恰好形成“一轮红日当头照”的美妙形象。蒙古人十分重视套脑，搬运时总是把它放在上面，人不能跨过或坐在其上。当旧套脑不能用的时候，总是把它放置在高处，让其在大自然的怀抱中自然风化。

套脑细分有诺音黑棋、高勒黑棋、浩日劳库轮、达嘎、萨玛嘎、套脑指、查格日格。（图32）

诺音黑棋——十字交叉的横木（东西走向）的叫诺音黑棋。

高勒黑棋——十字交叉的竖木（南北走向）的叫高勒黑棋。

浩日劳库轮——套脑形状固定的圆形轮体叫浩日劳库轮。

达嘎——套脑浩日劳库轮内圈连接的四根小木条叫达嘎。

萨玛嘎——套脑外围插乌尼的孔叫萨玛嘎。

图 32

套脑指——套脑外插两根乌尼之间的小木叫套脑指。

查格日格——套脑指连接的防固圆木叫查格日格。

（二）乌尼

乌尼（椽子）是撑起蒙古包套脑的长木杆子，是蒙古包的肩，上连套脑，下接哈纳，形成伞状屋顶，是蒙古包上半部的主体。（图33、图34）乌尼的数量和长度与套脑的大小成正比，套脑大，蒙古包就大。乌尼的长短由套脑来决定，一般为横木的1.5倍。插椽式套脑的蒙古包一般选松木、杉木等木材做乌尼。联结式套脑的蒙古包则用桦木或柳木做乌尼。

联结式套脑的乌尼的上端稍微弯曲，这样使蒙古包的套脑周围有点隆起，避免因覆盖材料的压力使屋顶下陷，同时能够使蒙古包顶部空间显得宽敞而和谐。每个乌尼的下端钻眼并系上毛绳，以便固定在哈纳头里面的圆木上。（图35）

图 33

图 34

图 35

制作乌尼的木质一定要统一，一般由松木或红柳木制作。

（三）哈纳

哈纳是用柳木做成的网状墙体，是蒙古包的支撑体。哈纳承接套脑、乌尼，决定蒙古包的大小。几块哈纳连接起来，用专门绳索绑在门框上，就会形成蒙古包的圆筒状墙体。（图36）哈纳数量多少由套脑大小决定：一般来说，五拃套脑要五个哈纳，六拃套脑要六个哈纳……加一拃相应加一个哈纳。最小的为四个哈纳的蒙古包。

哈纳有三个神奇的特性。其一是它的伸缩性，高低大小可以

图 36

图 37

相对调节，不像套脑、乌尼那样尺寸固定。（图37）一般习惯上称为多少个头、多少皮钉的哈纳，不说几尺几寸。一个哈纳的每一根木条有十个或十一个皮钉。皮钉越多，哈纳竖起来越高；皮钉越少，哈纳竖起来越低。哈纳有十四个头、十五个头、十六个头不等，每增加一个头，菱形网眼就会增加，同时哈纳的宽度就会加大。这一特点为扩大或缩小蒙古包提供了可能性。做哈纳的时候，要把粗细相同、长短不一的柳木棍按等距离互相交叉排列起来，在交叉点用皮钉锁住。皮钉常用驼皮制作。隔一个交叉点钉一个皮钉，形成许多菱形的小网眼。哈纳的伸缩性使得蒙古包可大可小、可高可矮。蒙古包要搭高的话，蒙古包里面积就小；搭矮的话，蒙古包里面积就大。搭高的哈纳的网眼要窄，搭矮的哈纳的网眼要宽。雨季要搭得高一些，风季要搭得矮一些。蒙古包对选址要求不严，只要不是大坑大凹，稍微不平点儿、偏斜点儿都能对付，在网眼上做文章就行了。由于哈纳这一特性，决定了它装卸、运载、搭建都很方便。其二是哈纳有巨大的支撑力。由数十根小圆木交叉固定形成的具有许多菱形网眼的、可以伸缩和弯曲的哈纳，具有巨大的支撑力。哈纳交叉出来的丫形支口，在上面承接乌尼的叫哈纳头，在下面接触地面的叫哈纳腿。两个哈纳的绑口叫哈纳口。（图38）哈纳头均匀地承受了乌尼传来的压力以后，通过每一个网眼把压力分散传到哈纳腿上。这就是为什么指头粗的柳棍能承受巨大压力的奥妙所在了。其三

图 38

是外形美观。哈纳一般用红柳制作，轻易不折，钻眼、打钉不裂，受潮不变形，粗细一样，高矮相等，网眼大小一致。这样做成的蒙古包不仅符合力学要求，外形也匀称美观。

哈纳要有一定的弯度：头下要向里弯，腰部要向外凸出，腿要向里撇，上半部比下半部要挺拔一些。这样才能稳定乌尼，使包形浑圆，便于用三道围绳箍住。

人们一般以哈纳的数量来论蒙古包的大小。现在我们看到的蒙古包，其哈纳数量不等。四五个哈纳的属于小蒙古包，六七个哈纳的属于中等蒙古包，而八个以上哈纳的就算大蒙古包了。做哈纳的木材可与做乌尼的不同，但二者一样，必须选择年份不大的小圆木，而且必须是一种木料，长短粗细要一致。一般认为，红柳木具有轻便、不容易断裂、受潮不变形等优点，是制作哈纳的理想木料。

哈纳细分有哈纳头、哈纳腿、哈纳音乌德日、哈纳眼、哈纳拉开度、哈纳口等。

哈纳头——哈纳交叉出来的丫形支口，在上面承接乌尼的叫哈纳头。

哈纳腿——哈纳在下面接触地面的叫哈纳腿。

哈纳音乌德日——把长短粗细相同的柳棍，等距离地互相交叉排列，隔一个交叉点钉一个皮钉叫哈纳音乌德日。

哈纳眼——柳棍按等距离互相交叉排列形成的小网眼叫哈纳眼。

哈纳拉开度——哈纳相邻两个皮钉确定的远近距离叫哈纳拉开度。

哈纳口——哈纳两旁与别的哈纳的绑口叫哈纳口。

（四）木门

木门由门框和门扇组成。（图39）哈纳立起来展开以后，

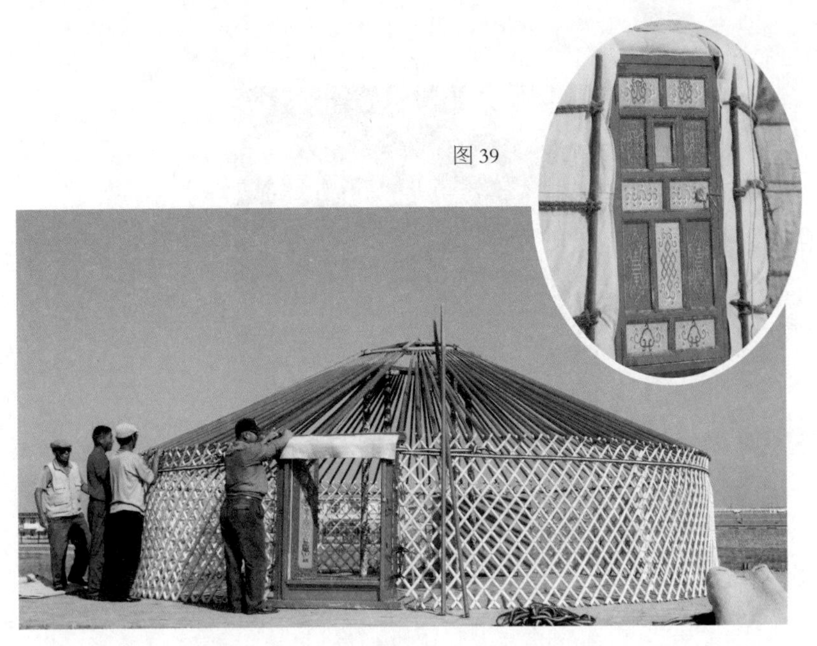

图 39

图 40

图 41

把网眼大小调节好，门框的高度就是哈纳的高度。蒙古包的门不能太高，人要弯着腰进。谜曰：“两个躺的，两个站的，一个唱的。”两个躺的是门头和门槛，两个站的是门框两边的立木，一个唱的是门扇。古代蒙古包不用木门扇而只挂毡门帘，现代蒙古包根据季节和天气的变化，有时候门帘和木门扇同时用。（图40、图41）

图 42

蒙古包门细分有门道途木、门槛木、门哈奇木、门六佛等。（图42）

门道途木：门框上方横木叫门道途木。

门槛木：门框下方横木叫门槛木。

门哈奇木：门框两边的立木叫门哈奇木。

门六佛：门道途木上为挂乌尼而制作的六个小木钉叫门六佛。

（五）柱子

随着蒙古包的直径变大，大风天会使套脑的某一部分变形，蒙古包会有坍塌的危险，需要用柱子（图43）支撑套脑。联结式套脑多遇这种情况。七个哈纳的联结式套脑的蒙古包，一般要配上两根柱子顶住套脑；八至十个哈纳的蒙古包要用四根柱子。多数人家的蒙古包里都有一个圈火撑的木头框儿，

图43

图44

框的四角打洞，用来插放柱脚。柱子的另一头支在套脑上加绑的木头上。柱子上的花纹要与蒙古包内风格相应，有龙、凤、水、云多种图案。（图44）

二、毛毡覆盖（维护）体系

蒙古包的覆盖物叫布热素，分别有乌日和（天窗毛毡）、德布热（顶毡）、陶高日嘎（围毡）、呼勒特乌日和（顶饰）、毡

图 45

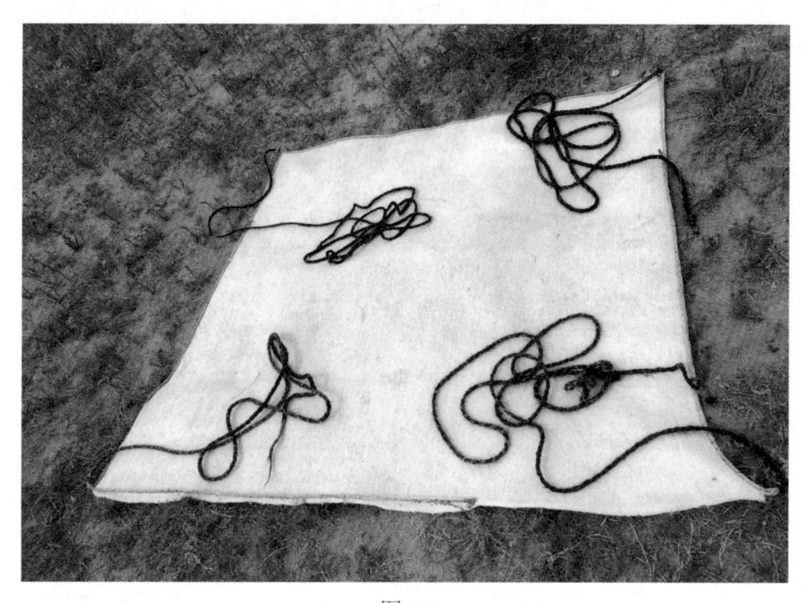

图 46

门、哈压布其（脚毡）等。一般来讲，这些覆盖物都是用毡子做的，统称为布热素。（图45）

（一）乌日和（天窗毛毡）

乌日和（天窗毛毡）是覆盖在套脑上的部分，多数是方形，四个角上缀着四根绳子。（图46）人们称其为蒙古包之帽，素来

图 47

看重。拆卸蒙古包时最先摘下的就是乌日和，要把它放到僻静的地方，防止践踏或跨越。它覆盖处于最高位置的套脑，此处为烟火所出，故重视之。迁徙时，把它和敬物放在一起，装载它的车辆走在车队的最前面。它有调节蒙古包内空气、冷暖、光线强弱的作用。天窗毛毡的大小，以对角线的长度来决定。裁剪的时候，以套脑横木的中间为起点，向两边一拃一拃地测量，四边要用驼梢毛捻的线缭住，四边和四角纳出各种花纹，或者是把两根并在一起的马鬃或马尾绳缝在四条边上，四个角上缀着四根绳子。在缝制的时候，覆盖套脑的那面一定要缝紧（一共二层），这样才能扣在如锅底似的（拱形）套脑上，防止大风把顶毡掀起来。揭开顶毡的时候，要把前面一半正好拉得叠在后一半上，呈等边三角形，即所谓“白天三角形”。（图47）

（二）德布热（顶毡）

德布热（顶毡）是覆盖在乌尼上的部分，多数是扇形，角和

图 48

图 49

图 50

图 51

边上缀着若干绳子。（图48、图49）顶毡一般由三到四层毡子组成。里层顶毡叫查布格或查日布格。（图50）以套脑的正中心到哈纳头的距离为半径画出来的毡片为顶毡的襟，以半个横木画出来的部分为顶毡的领，把中间相当于套脑那么大的一个圆挖去，顶毡就剪出来了。剪领的时候，忌讳把乌尼头露出来。（图51）

顶毡的制作讲究，需要吉日。选择一个好日子，在蒙古包外面找一块平整的草地，铺好毡子，正中用木橛子钉住，用绳子按上面的要求来度量和画圆裁剪。蒙古包的顶毡分前后两片，两片衔接的地方不是正好对齐的，必须错开，前面的顶毡要比后面的多出半

图 52

图 53

图 54

图 55

拃，这样才能防风防雨。（图52）

顶毡裁好后，最外面一层的周边要镶边。（图53）襟要镶四指宽，领要镶三指宽。两片相接的直线部分也要镶边。一般是用蓝布边。如不镶边，可以把两根马鬃或马尾毛搓的毛绳，并在一起以后压在边上，再紧紧缝住。（图54）这样做既可以把毡边固定结实（因为毡子是软的，容易拉长变形，易起毛边），同时看起来又比较美观。（图55）

（三）陶高日嘎（围毡）

陶高日嘎（围毡）（图56）是围绕哈纳的毡子。一般的蒙古包有四个围毡。围毡里外共三层，里层围毡叫达布呼查。（图57）在高度方面，围毡要比哈纳高出一拃。（图58）在长度方面，西南边的围毡从门框往西，比套脑的西横木长一拃（图59）；东南边的围毡从门框往东，比套脑的东横木长出一拃（图60）；东北边的围毡要与套脑横木一条线，从东横木往北，比套脑的北纵木长出一拃（图61）；西北边的围毡对齐套脑北纵木和

图 56

图 57

图 58

图 59

图 60

图 61

图 62 图 63 图 64 图 65 图 66 图 67

套脑西横木就可以了（图62）。围毡的领部要留抽口以便穿带子。（图63）围毡边外露出来的部分要镶边。（图64）东南、西南边的围毡与门框相接的部分也要镶边，另一边则不需要镶边，压在东北和西北边的围毡下方。（图65）东北边的围毡与东横木相接的地方要镶边，以压住东南边的围毡，另一边不需要镶边，压在西北边的围毡下方。（图66）西北边的围毡两边都要镶边，以压住东北边的围毡和西南边的围毡。要注意的是，压边一定要对齐套脑东西走向的横木和南北走向的纵木。围毡的襟（下面的部分）不用镶边。（图67）

（四）呼勒特乌日和（顶饰）

呼勒特乌日和是蒙古包顶上的装饰物，不常使用。在古时候，这是地位和身份的象征。（图68）

顶上装饰有毡制的，也有布制的，布制的有蓝色（图69）和红色（图70）两种。蒙古人崇尚蓝色，配有蓝色包顶装饰的蒙古包给人一种纯洁、与大自然和谐的视觉印象，而红色包顶装饰的蒙古包显得更气派、更华丽。

顶上装饰的形状酷似绽放的萨日朗花，花蕊部分覆盖在套脑周围，花瓣伸展到顶毡的下端。鲜艳的蓝色或红色布料做的顶上装饰，加上蒙古妇女巧手刺绣的花纹，在洁白的蒙古包上显得格外亮丽和谐。民歌里唱道：

图 68

图 69

图 70

蒙古包是盛开的萨日朗花，

呼勒特日格是那美丽的花瓣……

（五）毡门

毡门，即毡制门帘。（图71）它的厚度因季节的不同而不同。冬天一般挂四层毡子做的厚门帘，这种门帘既能保暖又不容易被风吹开。门头和顶毡之间的空隙要用一长条毡子堵住。传统的毡制门帘上绣有许多美丽的图案，如吉祥结、花鸟、云纹、回文图案等。

（六）哈压布其（脚毡）

哈压布其（脚毡）是蒙古包底部围绕的毡子。（图72）春、夏、秋三季的脚毡是木制的，冬季的是毡子做成的。夏天可以取下通风，不用时卷起来放置。冬天用的脚毡是用几层毡子摞起来做的，上面纳有花纹。（图73）

图 71

图 72

图 73

三、绳索加固体系

加固蒙古包的绳索分别有布斯撸日（围绳）、德布日因奥斯日（压绳）、哈纳音包拉塔（捆绳）、齐格达格（坠绳）等。（图74）这些东西虽然零碎，但对蒙古包的稳固和使用寿命起很大的作用：保持蒙古包的形状，防止哈纳向外撑开；使顶毡、围毡不至于下滑，不会被风掀起来等。

绳索的制作原料有马鬃、马尾、羊毛、驼毛以及牛筋、牛皮等，用这些原料搓制的绳索结实耐用。（图75）

图 74

图 75

（一）布斯撸日（围绳）

布斯撸日（围绳）是围绕哈纳的固定绳索，是把马鬃、马尾搓成六细股，再左三股、右三股搓成绳子，最后用二、四、六根并排起来缝成的扁绳。这种围绳的好处是能吃上劲，不伸缩。围绳分内围绳和外围绳。内围绳是在蒙古包立架时，在赤裸的哈纳外面哈纳头下方围捆的一根毛绳。（图76）哈纳所受的压力很大，内围绳一定要特别结实。内围绳一旦断裂或没有捆紧，哈纳就会向外鼓出来，套脑下陷，蒙古包就有倒塌的危险。外围绳捆在围毡外面，分上、中、下三根。（图77）外围绳不仅能防止哈纳鼓出来，还能防止围毡下滑。

图 76

图 77

（二）德布日因奥斯日（压绳）

德布日因奥斯日（压绳）是压顶毡的绳子。压绳分内压绳和外压绳。立架木的时候，固定赤裸乌尼上的绳子是内压绳。（图78、图79）内压绳有四根，也是用马鬃、马尾搓成的细绳，防止套脑下陷或上翘，使蒙古包顶部保持原来的形状。外压绳要比内压绳粗一些。外压绳用在顶毡的外面，前面四根（图80），后面四根（图81）。有了帆布制作的外罩以后，蒙古包可以不用外压绳了，外罩就起到了外压绳的作用（图82、图83），在外罩内侧

图 78

图 79

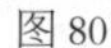

图 80

图 81

图 82

图 83

离地50厘米处缝制拉绳与哈纳腿拴紧即可。

（三）哈纳音包拉塔（捆绳）

哈纳音包拉塔（捆绳）是捆绑两个哈纳片的绳子，使哈纳变成一个整体。（图84）捆绳是用骆驼膝盖上的毛和马鬃、马尾搓成的。（图85）

图 84

图 85

（四）齐格达格（坠绳）

齐格达格（坠绳）是系在套脑（天窗）上的绳子，起稳定蒙古包的作用。（图86）它是蒙古包的“安全带”，当遇到风暴时，人们就把坠绳的下端紧紧拴在地上固定的橛子上。这样，任凭狂风呼啸，草原上的“白宫”岿然不动。

图 86

坠绳虽小，但格外受人重视。蒙古包的主人手捧坠绳，站在地中央，祝颂人端起盛满鲜奶的银碗，捧着洁白的哈达，吟唱天窗缆索祝词：

崭新的蒙古包今天搭建，
美酒和祝福流淌在草原，
献上鲜美奶食的德吉，
来祝颂你，神奇的齐格达格！
发情的公驼鬣搓成的齐格达格，
制服突来旋风的齐格达格。
发情的种马鬃搓成的齐格达格，
镇服突来风暴的齐格达格。
保佑人财安然的齐格达格，
是我们白色宫帐威严的象征。
今把金币银币往缆绳上串挂，
又用九色彩绸来装饰齐格达格，
再拿黄油的德吉抹画并祝福，
愿齐格达格固住更多的福禄！
愿新建的蒙古包固如磐石！
祝蒙古包的主人健康长寿！
祝幸福吉祥永远伴随！

图 87

这时蒙古包的主人用鲜奶德吉献祭坠绳，包内的其他人也拿起德吉涂抹在坠绳上。祝颂人从怀里拿出三枚铜币串在一条哈达上，其他人也拿出各自带来的铜钱加在其上，交给蒙古包的主人。主人把那系有钱币的哈达恭敬地系在坠绳的上端，把下端固定在蒙古包东侧乌尼上。（图87）

第二节　蒙古包的选址与搭建

一、蒙古包的选址

选址就是寻找营盘的意思，蒙古语叫看奴土克，既指蒙古包选址，也有营盘、草场、故乡等意思。牧民过去有四个营盘，分别是春、夏、秋、冬四季轮牧安营扎寨的地方。营盘的选择主要从气候、水草、疫病、狼害等方面综合考虑，既与经济方式有关，又与风俗习惯和禁忌有关。

（一）冬营盘

冬营盘一般选择芨芨草众多，沙蒿、沙竹密集，地形不易积雪，背风且光照好的地方。冬营盘以后面是靠山、前面是一望无际的辽阔草原为宜。这样的地方，向阳背风，视野广阔，牧人心情舒畅，而且便于照看牲畜。（图88）

图 88

（二）春营盘

春营盘为春天的游牧场所，向阳有草即可。

（三）夏营盘

夏营盘要选择沙葱、柞檬、冷蒿、山葱、野韭菜等丰富的高地。这种地方夏天空气好、蚊蝇少，不怕洪水。

（四）秋营盘

秋营盘选择草籽丰富的山谷或地势低的地方。因为春秋风大，忌在风口轧营。地势不能太高，因为地势高的地方草枯得早。（图89）

安营扎寨一般以两三家为宜，而且要分长幼尊卑。长辈或主要的人家先搭包，其他人家便在其两翼。蒙古包的套脑横木要和长辈的套脑横木错开，这是尊重长辈或和睦邻里的风俗习惯。

20世纪80年代以来，草牧场的承包和草场划分后的定居，一时限制了传统的“逐水草而迁徙”的游牧方式，定居点成为冬春

图 89

营盘，只有夏季和秋季走场，以便于保护冬春营盘草场。但当前“共享牧场”的理念打破了草牧场承包后的众多限制，不再受限于草牧场承包后的定居，区域或跨区域的合作形成了“定居+小游牧”的草原畜牧业新型生产模式。

二、蒙古包的搭建

蒙古包的搭建程序比较严格，不懂得其程序的四个大男人花半天时间也盖不起来。万一在哪一个环节上装错了，下一步就难以进行。而熟练其搭建程序的两名妇女，在一两个小时内就能完成。蒙古包的选址、搭建、拆卸、装运、迁徙早已形成规范的步骤。

蒙古包搭建的第一步是确定门的朝向后立门和立哈纳（图90），第二步是立套脑连接乌尼（图91），第三步是铺盖顶毡和围毡（图92），第四步是捆绑绳索加固（图93），第五步是封堵脚毡（图94）。

图 90

图 91

图 92

图 93

图 94

图 95

图 96

图 97

图 98

搭建过程遵循“从右至左，从下至上，从内至外”的原则。

（一）立门和立哈纳

蒙古包选址后，在蒙古包的正中位置放置套脑（图95），把单独捆好的哈纳按西南、西、西北、东北、东、东南的顺序依次放好（图96）。门框放在立门的地方，把门的道途朝南放好，以便立门时朝向东南，即太阳升起的方向。（图97）定好门的位置后，将西南方向的第一片哈纳伸展开，以至其网眼呈正方形，并将其高度对齐门框。（图98）接下来按顺时针方向，依次将剩下的哈纳捆绑到位。将最后一片哈纳与门框捆接后，就构成一个由门和哈纳构成的围合空间。（图99）

如果是有柱子的大型蒙古包，则要首先放下圈围火灶的框木，把柱子立在框木

图 99

图 100

的四角。哈纳从西南立起，把相邻两片哈纳口从上到下捆紧。哈纳全部捆完以后，立起门框，把门框两边的哈纳口与门框（两边的立木）捆绑。然后用内围绳捆哈纳。门框的东西立木上，各有四个孔。捆内围绳的时候，把一头从西立木最上面的孔里穿过来，在哈纳上挽个扣，从哈纳的上部围过来，不要揪紧，从东立木上面的孔里把另一头穿出来，虚挽在东哈纳片上，等架木全固定好后抽紧。（图100）

图 101

图 103

图 102

蒙古包的门一般朝东南方向开，从门口往前望时，不能正对山尖、峡谷、沟壑，宜对山坡或平滩，据说是为了躲开山水神的眼睛，避免各种伤害。哈纳头对接平齐后，门头和哈纳的高度要一致，这就完成了立门和立哈纳的全部过程。

（二）立套脑连接乌尼

立套脑时，要使套脑上的纵木北端正对北边哈纳的中心，南端与门头正中垂直。（图101）然后从门开始，或从北边正中开始，向两边插乌尼。（图102）固定的时候，乌尼脚上的毛绳必须挂在哈纳头里面的圆木上。（图103）

立完套脑连接乌尼后，需要调整架木的水平面，这关系到蒙古包的使用寿命。（图104）蒙古包的形状是否端正，全在架木的调整上。调整架木有三种方法：一是站在哈纳的正北，看哈纳的正中、套脑的纵木、门头的正中是否在一条线上。（图105）三点一线，蒙古包才能既匀称又美观。二是在距离蒙古包十步的地方，从各个方向看哈纳是否平整。哈纳头要完全在一个水平面上，乌尼腿要牢固地挂在哈纳头上。三是调整哈纳网眼的大小，以决定蒙古包搭建的高低。网眼大小均匀，搭出的蒙古包才匀称、得体、美观。（图106）一般来讲，春秋风大时，蒙古包要搭得低一些；夏天雨水大时，蒙古包要搭得高一些；冬天适中即可。蒙古包搭建的时间长了，一般自然趋于低平。蒙古包能保持原来的形体，关键在于内围绳。若内围绳系得牢，经久耐用，不断不松，则蒙古包的寿命便会长久。

图 104

图 105

图 106

蒙古包的木架立好后，需要进行捆绑。捆绑蒙古包的四根内压绳特别重要，很多蒙古包搭建倾斜，大多是因为忽略了四根内压绳。蒙古包套脑平不平，要通过四根内压绳捆绑的力度来调节。最后，在坠绳上拴些重物，将其拉紧，有助于蒙古包的定型稳固。这样蒙古包的木架便搭建完成。（图107）

（三）铺盖顶毡和围毡

蒙古包的木架搭建完成后，需要铺盖顶毡和围毡。（图108）蒙古包覆盖物除天窗毡以外的顶毡、围毡，其铺盖的前后程序有别，季节不同也有单双层之分。

冷季铺盖覆盖物：冷季时顶毡和围毡多为三层。首先铺盖里层顶毡（图109），再围围毡（图110），最后铺盖外层顶毡。这样主要是为了外层顶毡的襟边压住围毡，可以使蒙古包不透风。围围毡时先从西南方向的围毡开始，上风头的围毡边要压住下风头的围毡边。（图111）所有围毡上部都把哈纳头包住，并用抽口上的绳子抽紧，使围毡正好贴紧如伞般的乌尼。全部围毡的襟

图 107

图 108

图 109

图 110

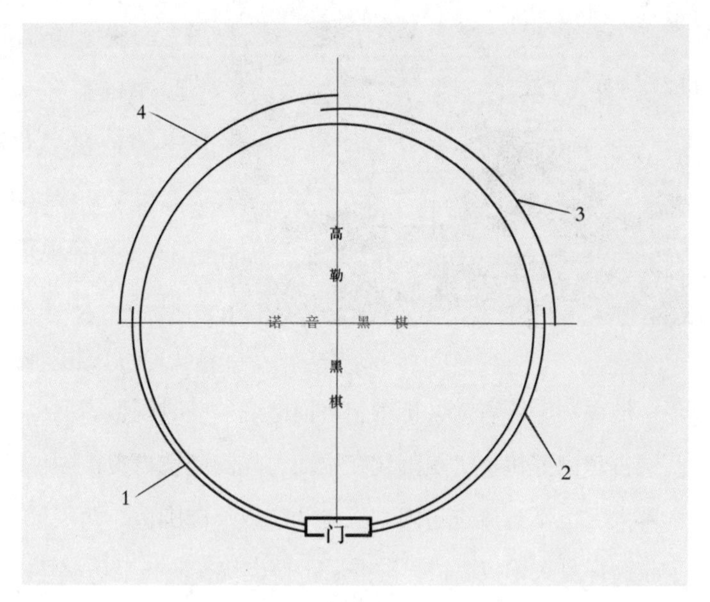

图 111

图 112

边要着地面，用脚毡封堵，以抵御寒风。铺盖顶毡时，先铺盖前顶毡，再铺盖后顶毡。（图112）后顶毡的襟要把围毡的上部包住。

图 113

暖季铺盖覆盖物：暖季铺盖覆盖物与冷季铺盖覆盖物有不同之处。一是围毡要靠上，不着地面，要离地15～20厘米。（图113）因为暖季雨水多、地面潮，若着地会把围毡下面沤烂。同时围毡靠上也能通风，使蒙古包内凉快。二是围毡在里面，先围围毡再覆盖顶毡。这样雨水再大，也不会流进包内。三是两层或一层围毡、两层顶毡就可以了。这样夏天不仅凉快，淋湿后干得也快，防止毛毡沤坏。

（四）捆绑绳索加固

捆绑绳索可以使毡包保持原形，哈纳不外撑，顶毡、围毡不下滑，同时使蒙古包富有生机，看起来美观。（图114）

1. 捆绑压绳

图 114

顶毡有四根基本压绳。压绳捆绑时，套脑和门之间的顶毡上的压绳交叉出吉祥图案，后顶毡上的压绳也交叉出吉祥图案。所有顶毡上的压绳都要从中间围绳上面压过去。

2. 捆绑围绳

图 115

先捆中间的围绳，再捆上面的围绳，最后

图 116

图 117

捆下面的围绳。（图115）先捆中间的围绳，是因为许多压绳都要从它上面压过去。围绳一定要从西面捆起，到东面留出头，打个桃结扣。压绳一定要压在上、下围绳下面，从中间围绳上面压过去。

3. 放天窗毡

将天窗毡沿对角线对折，使之成为等腰三角形，直角冲北，放在套脑上。（图116）天窗毡不能偏斜，底边一定要与套脑横木前棱对齐，中心在套脑的纵线上。天窗毡西边的带子跟套脑横木西端对正，东边的带子跟套脑横木东端对正，北边的下面直角的带子跟套脑纵木北端对正。（图117）这三根带子跟围绳交叉以后，从哈纳腿上绕上来，在中间围绳上结个活结扣拴牢。天窗毡北边的上面直角的带子用活扣松松拴在中围绳上，便于开关。

（五）封堵脚毡

脚毡即墙根围毡，是围毡外侧靠近地面位置的毡子。它的主要作用：夏天避免雨水沤烂围毡，并防止蚊虫钻进室内；冬天能阻隔冷空气从地面进入毡包。一般情况下，冷季用的脚毡比较厚，是由几层毡子叠在一起纳成的，具有很好的保暖性；暖季的脚毡较薄，并且经常用其他材料代替，如木片、柳条、芦苇、帆布等。在过去，并不是所有蒙古包都有脚毡，只有那些大户人家才用得起它。对于一般牧民来说，夏天没有也就罢了，可是到了冬天，抽底风从地面吹进来着实难受，于是他们就地取材，或把

图 118

图 119

雪堆到蒙古包的底部，或在周围埋上一圈沙子，虽然看起来不太美观，但也能起到防风保暖的作用。这样就完成了封堵脚毡的工作。（图118）

对于草原牧民来说，搭建一座新蒙古包就像盖一座砖房，的确是值得重视和庆祝的事。蒙古人对于蒙古包更新顶毡、增加哈纳或更换新套脑、门框都比较重视，对新的蒙古包部件，常用美酒和奶食品的德吉来献祭和祝福。如果搭建的是新蒙古包，尤其是为新婚夫妇准备的蒙古包，那可要举行一次相当规模的仪式和庆祝活动。（图119）主人要请来亲朋好友，宰羊设宴欢聚一堂。

仪式开始，专门请来的祝颂人首先在蒙古包外面手持“酒楚礼”（专门用于献祭的九眼勺）献祭致辞。他一边用系有哈达的“酒楚礼”献祭，一边用古老的方式大声吟唱蒙古包祝词：

愿人间奥姆赛因阿木古朗，
人们生活永久安康幸福！
我们搭建的蒙古包是
伟大的成吉思汗赞赏的格日，
神工巧匠制造的格日，

辽阔草原上明珠般的格日，
勇敢的牧民摇篮般的格日。
醇香的美酒斟满银器，
圣洁的哈达捧在手上，
用我们毡帐民族古老的习俗，
今天来祝福你，美丽的宫帐！

祝颂人往蒙古包的包顶和外墙上献“洒楚礼”，然后继续吟唱道：

我们这座洁白的宫帐是
精选的檀香木做天窗的格日，
如意宝树做顶柱的格日，
坚固的绒线做齐格达格的格日，
阿尔泰山的松树做乌尼的格日，
黄河湾的蒲柳做哈纳的格日，
耐久的楠木做门框的格日，
纯白的羔羊毛毡覆盖的格日，
具有八十八个哈纳和八千个乌尼的格日，
草原上增加了一座举世无双的宫殿！

赞美蒙古包之后，祝颂人为这座包的主人祝福道：

愿这蒙古包的主人，
名扬天下，
财如大海，
地位年年高升，

五畜天天增多。
在北边放的箱子里，
存满双耳并立的元宝。
在西边放的柜子里，
堆满虎豹珍禽皮毛。
在东边放的箱子里，
叠满名贵绸缎和华丽衣裳。
火撑子里的圣火世代相传，
茶壶里的奶茶飘香万里，
碗盘里总有珍馐美味，
牧场上总有膘壮的骏马。
子孙多得无法全认识，
牲畜多得难以数得清。
常有儿孙照料在前后，
时有朋友们欢聚在一起。
没有春寒，夏先到，
没有冬天，秋常在。
夜晚甘露滋润大地，
白昼暖风复苏生灵，
佛光普照大草原，
人们永远二十五岁年轻……

祝颂者吟唱结尾时，把“洒楚礼”献向天、地及四面八方的神灵，祈求幸福安康。

第三节　蒙古包的拆卸

蒙古包的拆卸顺序，与搭建正好相反。蒙古包拆卸要遵循从上至下、从外至内的顺序。一般来说，拆卸一座蒙古包主要分为以下几个步骤：第一步搬出家具物品；第二步解开绳索；第三步拆卸毛毡等覆盖物；第四步拆卸木架。

一、搬出家具物品

把家具物品等都捆绑好，搬出后开始拆卸蒙古包。首先是把敬物、书籍或其他易碎物品搬出装车；再把锅碗瓢盆等餐具搬出，放在蒙古包西南或西侧；接下来搬出衣物等，放在餐具的风口下方；最后搬出柜子和碗架等。

二、解开绳索

先把蒙古包的天窗盖毡、顶饰、顶毡的绳索都解开，再把外面三条单体围绳按逆时针方向取下来，一根一根盘好，最后把所有绳索取下，一一打成捆收好。（图120）

图 120

三、拆卸毛毡等覆盖物

首先将天窗盖毡从蒙古包的北边取下来，接着再依次把顶饰、顶毡、围毡等卸下。由于牧民很忌讳去新建蒙古包的地方给毛毡等覆盖物掸土，所以它们只要被拆下来，就会被清理得干干净净，并按照搭建时要用的式样折叠好。（图121）

图 121

四、拆卸木架

毛毡等覆盖物都卸下来以后就可以拆木架了。最先取下来的是套脑和乌尼。插椽式套脑、联结式套脑的拆卸方法各有不同。

拆卸插椽式套脑时，要有一个人站在高处，双手把套脑推高、扶稳，这样插在四周的乌尼就松动了，周围的人依次把乌尼取下，套脑也就拆下来了。

拆卸联结式套脑时，要先把正南、正北侧乌尼腿上的绳扣解开几根，这样它们就会因为重力的关系，悬空垂在套脑的下面。接着把捆在哈纳上的内围绳松开，哈纳就会外倾，这样悬空的乌

图 122

尼腿就能落到地上并将套脑顶住。最后把其他乌尼摘下来，并分成四组捆好即可。

套脑和乌尼都拆好以后，接下来的工作是拆卸门和哈纳。首先要把内围绳完全解开并打捆；然后再依次将连接哈纳的捆绳松开；接着把每扇哈纳折叠起来，用绳子捆起来并摞在一起；（图122）最后将木门整个摘下来。一座蒙古包就拆卸完毕。

第四节　蒙古包的装运与搬迁

装运蒙古包的车辆蒙古语叫“哈萨克贴日格”，其原意为带有护栏或带有篷子的车，汉语为“勒勒车”，通常用牛或骆

图 123

图 124

图 125

驼驮运。（图123、图124）勒勒车承载着游牧人的历史，一直到20世纪六七十年代，勒勒车还是牧民主要的交通运输工具。（图125）勒勒车历史久远，是北方少数民族很早以前就使用的牲畜拉动的车具。

插椽式套脑蒙古包和联结式套脑蒙古包的装车方式略有不同。联结式套脑蒙古包的套脑要朝向套车畜，在套脑空间里装锅碗瓢盆等。插椽式套脑蒙古包的乌尼和套脑是分离的，先放乌尼，再放套脑，最后用顶毡盖住后捆绑即可。把箱柜、服饰等物品分别装车，这样一般3 ~ 5车就可以了。牧民搬家的时候，邻里要来帮忙，并把热茶、奶酪、饼子等拿到蒙古包的原址上摆宴欢送。

图 126

搬迁路上，如经过其他牧户草场，这家牧户一定会端出奶茶、奶食和肉食等来招待他们，这是对迁徙人家的尊重和关怀。（图126）迁徙队伍暂停片刻，接受招待并表示感谢。当迁徙队伍离开时，送茶点的人祝他们路途平安。

即便是素不相识的路人，遇到搬迁人家，也会按传统习俗完成一定的礼节，那就是从他们右侧借过，即使不下马，也要把右脚从马镫里抽出一下以表示敬意，并友好地向他们问好、祝福。

春季到来，
草根吐新芽，
我们要转场到春营地去。
哦，路途遥远，
牧场又是如此辽阔。
夏季到来，
世界染新绿，
我们要转场到夏营地去。
哦，路途遥远，
牧场又是如此辽阔。
秋季到来，
风吹草叶黄，
我们要转场到秋营地去。
哦，路途遥远，
牧场又是如此辽阔。
冬季到来，
山野镶银装，
我们要转场到冬营地去。

图 127

哦，路途遥远，

牧场又是如此辽阔。

——蒙古族民歌《四季歌》

这首古老的民歌不知从何时起开始在草原上流传。它给我们描绘了草原游牧生活的画面，同时把蒙古人对他们传统生活方式的情感表现得淋漓尽致。草原牧民必须根据季节和牧草的长势更换牧场。迁徙的路途虽然遥远，却给牧人带来了极大的喜悦，因为在远方有着辽阔丰美的牧场，获得畜牧业丰收的希望在召唤着他们。（图127）

“逐水草而迁徙”这句描述草原游牧生活方式的话，被不少人误解为“原始”“落后”。实际上，在干旱少雨、大部分土地相对贫瘠的蒙古高原，迁徙本身是协调人、自然与牲畜三者关系的自然法则，体现了人与自然的和谐共处。游牧民族千百年来小

图 128

心翼翼地经营着干旱少雨、日照时间相对长、腐质土壤普遍而极易损坏的脆弱地带，能够把她完好地经营到现在，靠的全是“迁徙”这个法宝和踏踏实实的生活观念。游牧人的迁徙，并不是哪里草场好就迁往哪里，实际上是根据季节、气候、草场、牲畜及人的情况，有规律地迁移的生产生活方式。（图128）把牧场分为春、夏、秋、冬四季草场，并把每个季节的草场分三段使用，这与农民根据土壤情况更换作物种类是同一个道理。

第三章 蒙古包布局与习俗

在空旷而平坦的大草原上，小小的蒙古包就像大海上漂浮的一叶扁舟，实在是太渺小了。由于蒙古包与草原在大小上差距如此悬殊，视觉上给人一种孤独的美感，尤其是只有一户人家单独坐落之时。（图129）从另一个角度讲，住在蒙古包里，让你有一种与大自然融为一体的感觉。从蒙古包门口往外眺望，旷野、山峦、河流映入你的眼帘，而坐在蒙古包内，你能够倾听到大自然的呼吸和歌声。（图130）蒙古包内部空间虽小，实际上它的空间已经延伸到无边的大自然里去了。

图 130

图 129

第一节　蒙古包外空间布局

蒙古包室外空间分配习俗在浩特艾勒的布局上即有所体现。一个牧营地叫“浩特艾勒”。“浩特”原本指畜群集中的场所，“艾勒”是指几个家庭的聚集地。浩特艾勒是比单个家庭要大的长期性社会组织形式。（图131）在多个家庭或蒙古包组成的浩特艾勒里，一般都是按辈分大小由西向东坐落。比如，弟兄俩在一个浩特里，哥哥家在西边，弟弟家在东边；但如果弟弟和父母住在一起的情况下，弟弟家应在西边坐落。

牧民大多以浩特为单位安营扎寨，一般是几家关系不错的朋友或亲戚住在一起。驻扎的时候，长辈的蒙古包要搭建在靠西或正中方位，其他人家按长幼尊卑次序沿弧形分布。蒙古包周围没有围墙，蒙古包之间要有一定的距离。蒙古包外面的物品是不能随意乱放的。勒勒车连在一起放在西边；牛勒子和绳子不能着地；羊圈一般在东面下风头，以免异味吹进包内。（图132）

图 131

图 132

图 133

人类学家吴文藻先生说："明白了蒙古包的一切，便是明白了一般蒙古族人的现实生活。"这句话精辟地指出了蒙古包在游牧人生活中所占的重要地位。（图133）

第二节　蒙古包内空间布局

蒙古包室内空间和布局主要是继承了先人崇拜火、敬奉神佛的习俗，同时也跟男女不同的劳动分工及男右女左的座次有关系。蒙古包内陈设从正北开始，西北、西、西南半边放置男人用的物品，相反的东北、东、东南半边放置女人用的物品。

一、蒙古包内布局

（一）火灶

火灶（图拉嘎）布局在蒙古包正中，跟先人崇拜火有关。蒙古包架设好以后，最先安放的就是火灶。火灶被安放在蒙古包正

图 134

中的核心位置（图134），可以做饭、取暖。蒙古包里的生活就围绕着火灶进行。火灶在古代是青铜的，有三条腿，后来变成生铁的，有四条腿或三条腿。

蒙古包内火灶是神圣的。由于蒙古族崇拜火神，把火作为一个家庭存在和延续的重要标志，作为一个家庭兴旺繁荣的象征，于是便产生了对于燃烧着的火的种种禁忌。如：不准往火里扔不干净的东西，甚至烟头；不准敲打火灶；不能用剪刀碰撞火灶；不能把锅斜放在火灶上；不能在火灶旁砍东西；等等。这些禁忌都出于蒙古族崇拜火的特殊心理，认为激怒了火神会给自己和家族带来不幸。

（二）敬物位

古代蒙古包内西北面放佛桌，上面放佛像和佛龛，现在这个位置也有人摆放伟人像或者书籍等敬重的物品。（图135）因为蒙古族一直以西北为尊，在古代神物一直供奉在西北。

图 135

（三）男物位

蒙古包的西半边是男人用品摆放的位置。（图136）在新搭建的蒙古包赞词中有“打开西面箱子看到：猎物、纸笔、书帐、征战用品、摔跤服等”。蒙古包内刀或枪都要挂在西哈纳上，刀尖或枪口冲门，这是习俗的延续。

图 136

（四）鞍具位

蒙古包西南酸奶缸的前后、哈纳的头上挂着狍角或丫形木头做的钩子，上面挂着马笼头、嚼子、马绊、鞭子、马刷子等物。（图137）嚼子、扯手等要盘好，对着火灶，好像准备拿走似的。嚼子挂在酸奶缸的北面或放在马鞍上，其口铁不能碰着门槛。放马鞍的时候，要顺着哈纳立起来，使前鞍鞒朝南，骑座朝着敬物位。如果嚼子、马绊、鞭子分不开，笼头、嚼子要挂在前鞍鞒上，顺着左首的鞧鼻向着火灶放好，鞭子也挂在前鞍鞒上，顺着右手的鞧垂下去。马绊要挂在有首捎绳的活扣上。

图 137

在门的西侧不放东西，再靠后可以放酸奶缸之类。对蒙古人来说，挤马奶和做酸奶是男人们的事，因此酸奶缸放置在西侧。

（五）主位

在西北和东北方的箱子中间放着狮子腿方桌的位置即是主位。（图138）

图 138

（六）女物位

紧挨方桌的东北方是放女人箱子的地方，里面有女子的衣服、首饰、化妆品等。（图139）

图 139

（七）食品位

蒙古包的东南侧是放碗架的地方。（图140）碗架分好几层，可以放许多东西。放置也有规矩：肉食、奶食、水等不能混放，尤其是奶食和肉食不能放在一起。此外，跟蒙古族崇尚白色有关，奶、茶要放在上面。

图 140

（八）奶具位

奶具位在碗架旁边，随着季节作相应的调整。（图141）

图 141

（九）门位

门位：门口铺木板，不放东西，只供人们出入。（图142）

图 142

二、蒙古包内习俗

蒙古包内一般男性生活在右半区域，女性生活在左半区域。火灶西侧是男人们的座位，东侧是女人们的座位。男客人都坐西边，女的则坐东边。靠西哈纳放男人的床铺，靠东哈纳放女人的床铺。靠近门口的西侧放置马鞍、马具，弓箭、猎枪等挂在西哈

纳上；东侧放置碗橱、灶具以及一些妇女用品。（图143）

蒙古包内靠里的为神圣、尊贵的空间，靠外的为日常生活空间。一般情况下，老人生活在靠里面的区域，年轻人生活在靠外面的区域。（图144）

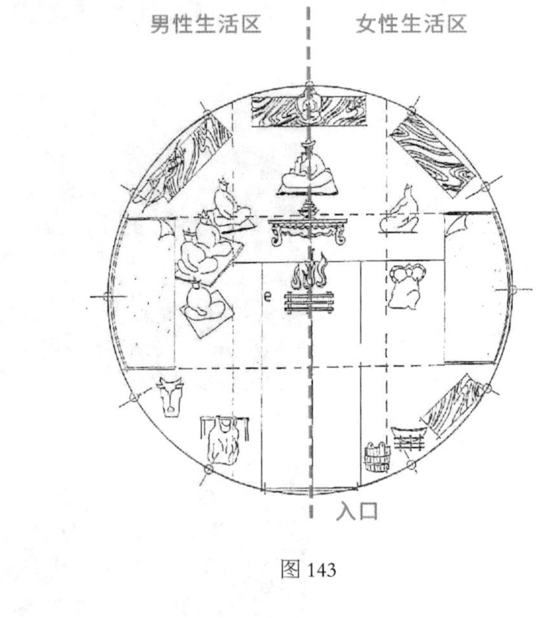

图 143

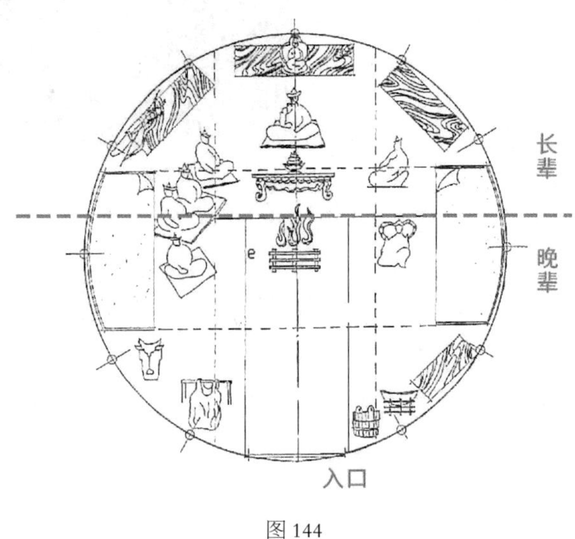

图 144

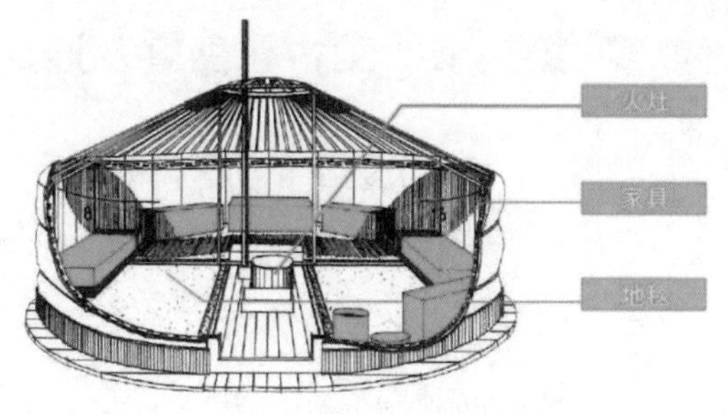

图 145

一般来说，蒙古包的门朝南或东南方向，这是回避蒙古高原强烈的西北风的缘故。住蒙古包的人们一般把门口方向叫南，与之相对的方向叫北。在传统蒙古包内，正中央是火灶。（图145）这被认为是火神的位置，因而特别受人尊崇。火灶北边即是上首位置。按蒙古族习俗，上座最为珍贵，平常男主人或者主客就坐这个位置。以门、火灶和敬物位为主线，西边是男人们的席位，东边是女人们的席位。上座位置为户主男子的座位。民间讲：“即便是格斯尔可汗来做客，男主人还要坐上座。”但后来逐渐变成尊贵客人坐西边上座，主人坐东边主座的习惯。（图146）。蒙古包里接待客人的时候，靠西靠里为优先，依次根据身份、年龄往外坐；主人或者家里人坐左边。

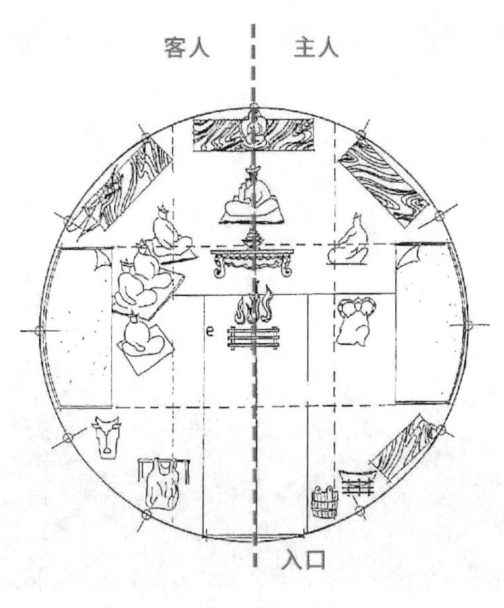

图 146

第三节　蒙古包做客及迎送礼节

（一）进出和迎送礼节

到住蒙古包的人家做客的时候，有一定的习俗。走近浩特的时候一定要勒马慢行。如果打马飞奔，会被视为不懂礼貌。不能从门前骑马横穿，更不能从门前奔驰而过。尤其忌讳骑马冲进浩特之中，或者从两个蒙古包之间骑马穿过。

一般情况下，随着狗叫声，孩子们首先跑出来，看后回去报告大人。家里的女人或孩子跑出来把狗看住，问候以后迎进家里。（图147）

如果客人来了，主人不知道，客人就喊“看狗！”或者咳嗽一声给个信号。客人不能冒冒失失闯入，或者敲人家的门，更不能向里窥探。如果主人出去倒灰或倒水的时候，正好碰上客人来，就要躲在毡包旁边，或者把东西放在门后，等客人进来坐好之后，再拿出去倒掉。

如果看到主人门口挂着红布条之类的东西，说明里面有产妇或病人，不能进去。如果青天白日盖上天窗毡，更不能进去。进

图 147

别人家以前要把帽子、扣子、腰带等收拾齐整，将袖子、刀鞘、下摆放下来。免冠或赤头进家被视为大不敬。敞着前襟领口进家是对主人不礼貌。进包时要把随身携带的东西如马绊、笼头、缰绳、套索、绳子等放在外面。

客人进家的时候，要向比自己辈分大的人问好。客人来到主人家，一般应当从容就座，吃饱喝足再辞行。即使客人特别忙，一般也要进家把事情讲清楚，尝过奶食再走。起行之际，长辈不动晚辈不得先动。长辈动身的同时，晚辈和家人一起站起来，由晚辈在前引导出门。不论什么客人出门，家人一定要先出来为他看狗并送行。

送别时主人要说："赛音雅吧热爱！"（意为"走好！"）客人要向主人表达感激并送上祝福："赛音苏嘎热爱！"（表示生活得好，身体健康！）

（二）座次和坐姿礼节

自古以来，蒙古人对于蒙古包内的座位有着很清楚的划分。古时候男人坐在西方，女人坐在东方。在母系氏族社会，蒙古人把太阳升起的地方看得特别神圣，东方被视为尊位，女人坐在东方。社会发展到父权时代，又把西方当成尊位。这样虽然男女座位没变，尊卑关系实际已颠倒过来。男人们按照辈分高低、年龄大小在西面由上向下排座，女人也如此。

蒙古包的正北方为一家之主的座位。父亲如年事已高，就要把家里的权力交给已经成家的儿子，让他坐在正面，自己坐在西北面。如果父亲早逝，儿子不论大小，母亲也要让他坐在正面。蒙古包的门口不坐人，尤其是客人。只有人多时，让孩子们暂时坐在那里。客人中的年长者一定要越过套脑横木以北就座，年轻人则不能越过套脑横木。女性来客从东面绕过火灶坐在东北面，

图 148

长辈女客要越过套脑东面的横木就座。（图148）

蒙古包西侧就座者应屈左膝，东侧就座者应屈右膝。主人看见客人进来以后，也要采取这一坐姿，以表示彼此尊重。单腿盘坐是表示友好、礼貌的坐法。孩子、青少年在老人跟前都要这样坐。女人在客人面前，一般采取一蹲一跪的姿势，以表示对客人尊重和友好。客人向主人问好寒暄后，尝过奶食，才可盘腿就座。盘腿就座是一种自由而讲究的坐法，一般长者采取这种坐姿。晚辈征得长辈同意后才可这样坐。孩子们平素在自己家没有客人时，也可盘腿就座。但是女人从来不能这样就座，这是由尊重客人、长者、丈夫的习惯形成的。

（三）下榻就寝礼节

蒙古人平日夫妻睡在北面中央，家中长者睡西面。如果睡不开，需要在东面睡的话，一般让女人睡。客人来了以后，要把最好的地方让给他们，即睡在北面或西面。自家人找个空隙，睡在边上或东面。老年客人、尊贵客人、至亲长者睡在北面，普通客人睡在西面。东面一般不让客人睡，一是尊重客人，二是女人们早晨起来生火方便。门口是出入之道，谁都不能睡。蒙古人从来不在白天铺床睡觉。为了消除疲劳需要小睡的时候，可以靠着包边和衣而卧。牧民一向早睡早起，黎明时分，男的去抓马，女的去挤奶、生火熬茶。晚上，男人拧马绊、笼头，女人缝衣做袍，孩子玩羊拐，老人们叙话。来客、长者、主人睡后，其余家庭成员才可入睡。主人不能先于客人入睡。客人就寝摘帽时，主人将帽子接过，放在西北上位（头附近）。客人脱下袍子，盘起腰带，放在枕头下面。脱下的靴子朝灶并排竖放，也有枕靴而寝者。这些礼俗，不限于客人，家人也有。

第四节　蒙古包的忌讳

蒙古包的忌讳不一一罗列，重点介绍以下几项。

一、毡门和顶毡的忌讳

进蒙古包不能踩门槛，不能在门槛垂腿而坐，不能挡在门上。这是蒙古包的三忌，这种风俗自古就有。进别人家的时候，首先要撩毡门，跨过门槛进去。因为门槛是家户的象征。踩了可汗的门槛便有辱国格，踩了平民的门槛便败了时运，所以都特别忌讳。后来这种法令虽然成了形式，但不踩门槛一事，大家都自觉遵守而流传下来。只有有意跟对方挑衅、侮辱对方的人，才故意踩着人家的门槛进家。尊重主人的客人，不但脚不踩门槛，就是进门也不从毡门正中而入，而是轻轻地撩起帘子，从毡门的东面进去。在苏尼特嘎林达尔台吉的传说中，就写着“不可触动顶毡、灶台、有顶的帽子”等字句。早晨拉开天窗盖毡的时候，用右手拉住顶毡带子，从胸前转一圈（顺时针），转到北面拉开。晚上盖顶毡的时候，用右手在胸前转一圈，拉回到南面。晚上盖上天窗盖毡，白天揭开。白天只有刮风下雨时才盖上天窗盖毡。平素晴天丽日，忌讳盖上顶毡。

二、火灶的忌讳

牧人最尊重火灶，把它看得比什么都珍贵。支火灶、坐锅的时候，一定要注意不要倾斜。忌讳向火灶洒水、吐痰、扔脏物，不能在火灶及其木框上磕烟袋。忌讳把腿伸到火灶上烤火。忌讳用刀刃捅火、用刀刃翻火、用刀从锅里扎肉吃、用刀在锅里翻肉等。

从祭火的祝赞词中可以看出，蒙古人祭火是成吉思汗流传下来的习俗。

三、坠绳的忌讳

蒙古人认为坠绳是保障蒙古包安宁、保存五畜福分的吉祥之物。没有坠绳的蒙古包不存在，更不能视为蒙古包。出售大畜的时候，要从鬃、尾、膝上拔一小撮毛拴在坠绳上，这就是要把牲畜的福留在家里。男方到女方家娶亲的时候，要把哈达作为五畜的礼物，搭在对方的坠绳上。坠绳是家户生存、五畜繁衍的吉祥物，所以非常珍贵，外来人不能用手去摸。

第四章 蒙古包蕴含的智慧

从蒙古包的形状、结构、用具、作用等来看，蒙古包有着适合蒙古高原的自然环境、游牧生活、日常生活和生态保护需求的特性。（图149、图150）

第一节　适合蒙古高原的自然环境

蒙古包适合蒙古高原的气候特点。蒙古包的门开向南或东南方，可避开冬季西伯利亚的西北强冷空气，而且采光好。冬季

图 150

图 149

多铺盖几层厚羊毛毡，可阻隔寒风，保暖舒适。夏季用单层羊毛毡，撩起围毡，室内空气流通，不闷热。

一、蒙古包抗风性强

图 151

蒙古包的套脑、乌尼、哈纳之间连接固定，再用顶毡、围毡覆盖，绳带加固，其顶为圆形，中部为圆柱形，底座为圆形，没有棱角，风阻小，抗风性强。（图151）搭建坚固的蒙古包，可以经受十级大风。

二、蒙古包防水性好

羊毛经过提纯、铺网、搓坯、捣毡等工序后，制作出的毛毡密度大，防水防风。雨季将蒙古包搭得高一些，使雨水迅速滑落，不至于积于蒙古包顶压垮蒙古包，或是造成漏雨现象。蒙古包能承受二千至三千斤的压力，是因为其架木结构十分科学，把压力都分散到哈纳腿上了。蒙古包的结构特征、毛毡的特性及毛毡覆盖物的合理衔接是蒙古包耐风寒、防雨水的关键。（图152）

图 152

三、蒙古包冬暖夏凉

蒙古高原的冬季漫长又寒冷。有句谚语说“三九的严寒，会冻裂三岁牛的犄角”。为应对如此严寒的天气，冬季时蒙古包可铺盖三层毛毡，屋内再拉一层毡帘，四层毛毡可抵御严冬季节的寒风，有效保暖。（图153）早期蒙古包内可安放图拉嘎，用牛粪、羊砖等生火。只要火一着起来，立刻热浪扑面，室内温度迅速提高。

炎热的夏季可选择在视野辽阔的高地搭建蒙古包，铺盖单层毛毡。天气闷热时撩起围毡，八面来风，如坐凉亭。（图154）选择高地、盖单层毛毡、撩起围毡是牧民在生活中积累的经验，白色也有着较好的反光作用。

图 153

图 154

第二节　适合游牧生活需求

蒙古包的结构简单，主要由木架、毛毡、绳带三大部分组成，方便搭建、拆卸、运载、搬迁，而且声音传播灵通，非常适合放牧民族居住和使用。（图155）

图 155

图 156

图 157

一、搭建迅速

蒙古包的搭建，立门、立哈纳、立套脑连接乌尼、铺盖顶毡、上围毡、捆绑绳索加固、封堵脚毡，简便快捷。蒙古包各部分已实现“模块化”，一般情况下，只要两个人就可以搭建起一个蒙古包，省时省力。（图156）

二、拆卸容易

拆卸蒙古包时，解开围绳，卸下天窗盖毡、前后顶毡，收起围毡，取下乌尼和套脑，收拢哈纳，卸下门框即可。因其方便快捷，两个人即可完成。（图157）

三、装载方便

蒙古包的架木和毛毡等覆盖物都可拆分，所拆分的每一个部件都很轻，便于运载。展开后三四米宽的哈纳片收拢起来可置于勒勒车上做铺车板；乌尼杆并排捆扎即形成托架，上面放置其他需运送的物品；毛毡等覆盖物可做垫衬，也可做包袱，包裹其他物品；捆扎哈纳的围绳自然也可以用来固定物品。拆分后的蒙古包可由车辆或骆驼载运。（图158、图159）

图 158

图 159

图 160

图 161

四、搬迁轻便

蒙古包的制作材料不用泥土砖瓦，全部采用较轻的木头和鬃毛。五扇哈纳组成的蒙古包的全部架木的质量有100多千克，双层毛毡等覆盖物的质量约300多千克，一个蒙古包的质量大约500千克。蒙古包比较轻便，适于四季迁徙。（图160）

五、声音灵通

蒙古包的毛毡等覆盖物由羊毛制成，声音传播灵通，坐在蒙古包内即可听见屋外的风雨声和牲畜走动声。（图161）夏日将毛毡等覆盖物卷起，既凉快又可观察屋外畜群情况。蒙古包的这一特点适应游牧生活，比其他居所更胜一筹。

第三节　适合日常生活需求

蒙古包不是牧民的临时住所，是牧民的家。蒙古包不仅适应游牧生活，同时又能满足日常生活所需。

一、蒙古包可大可小

蒙古包可大可小，内部空间可充分考虑入住人的舒适度。若是几代人一起生活，可搭建大一点的蒙古包。大的蒙古包可以举

图 162

办婚宴等。（图162）

二、蒙古包的舒适度好

蒙古包冬暖夏凉“自带空调”。冷季可加厚毛毡，暖季可减少毛毡，甚至可撩起围毡；白天热的时候可以把天窗毛毡打开，晚上睡的时候再盖上。更重要的是，晚上繁星点点，白天旷野草原，能与大自然亲密接触。（图163）

图 163

图 164

夏季，蒙古包的白配上草原的绿，让人心旷神怡；冬季，皑皑白雪配上蒙古包，真是人间仙境。（图164）

三、蒙古包内宽敞明亮

从日出到日落，阳光始终能经由套脑照进蒙古包内。蒙古包里阳光充足，始终充满着大自然健康清新的空气。

四、蒙古包装饰之美

蒙古包的各个部件都是用精巧的工艺制作而成的，有着独特的美感。从远处看，它像草原上一颗洁白的珍珠。走近一看，蒙古包上的花纹更加清晰美丽。纳有吉祥图案的毛毡，绑出吉祥结的围绳，刻着人物花鸟的木头等，无不体现出蒙古人对美的追求。

特别是有了顶上装饰的蒙古包，从哪个方向看也是莲花瓣、云头花。

蒙古包的独特之美表现在以下几个方面：一是蒙古包的架木——哈纳、乌尼、套脑、门等做工讲究，木架和毛毡等覆盖物很般配；二是在地面铺满纳绣的毡子，用各种颜色的毛线镶出边来，中间绣上云纹和吉祥图案，看起来非常美观；三是蒙古包里的家具，从佛龛开始，到方桌、箱子、竖柜、碗架，无不彩绘刀马人物、翎毛花卉、山狍野鹿之类，色彩鲜艳，栩栩如生。住在这样的蒙古包里，可以说是一种享受。（图165）

第四节　适合生态保护需求

蒙古包的木架、毛毡、绳索等基本材料都来自于当地的自然资源。（图166、图167、图168）套脑、乌尼、哈纳、门框等架木来自蒙古高原丰富的林业资源。蒙古包的毛毡等覆盖物，均为

图 165

图 166

图 167

图 168

图 169

图 170

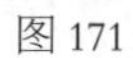

图 171

图 172

羊毛、牛毛制作而成。（图169）蒙古包绳索绑带是用羊毛、骆驼毛、马尾、马鬃制作而成的。

搭建蒙古包对草场的破坏极小。牧民间隔放牧，使草原得到休养生息。（图170）拆除蒙古包后，牧民会把用过的地方恢复原样。

修建时不用挖土夯地，拆卸时不会留下废墟。当蒙古包从一个地方搬迁之后，过不久，那里又是绿草如茵，生态很快得到恢复。（图171、图172）

第五章 蒙古包的文化传承

蒙古包承载着游牧民族的历史和文化，体现了人与自然的和谐共处，非常适合游牧民族的生产生活方式。（图173）

蒙古包的各个组成部分都可以分解开自行制作。所用的材料全是就地取材，全部是自己的劳动所得，每家每户每个人都能参与制造蒙古包。蒙古包可自行搭建、自行维护，成本很低。（图174）有一首民歌这样描写蒙古包：

图 174

图 173

因为仿照蓝天的样子，
才是圆圆的包顶；
由于仿照白云的颜色，
才用洁白的羊毛制成；
这就是穹庐，
我们蒙古人的家庭。
因为仿照苍天的形体，
天窗才是太阳的象征；
由于仿照天体的星座，
围壁才是月亮的圆形；
这就是穹庐，
我们蒙古人的家庭。

民歌中描写的蓝天、白云、太阳、月亮等，体现了蒙古包文化中天人合一的观念。（图175、图176）

图 175

图 176

第一节　蒙古包的文化展现

传统蒙古包内，以门、火灶形成南北主轴线，正北面是上位，平时家里男主人的位置。民间讲："即便是格斯尔可汗来做客，男主人还要坐上座。"西边是男人们的席位，东边是女人们的席位。蒙古包里接待客人的时候靠右靠里为优先，依身份、年龄等由里往外坐，主人或者家里人坐左边。

在多个家庭或蒙古包组成的浩特艾勒（营地）里，其空间布局沿用了蒙古包里空间分配的原则，中间是长辈的蒙古包，紧挨着的是他最亲近的人们，以"右上左次"的原则依次排列坐落。（图177）

图 177

图 178

图 179

蒙古包天人合一的观念体现得尤为明显。其形状、结构、制作、安装、搬迁甚至布置、色彩等都适应蒙古高原的生态环境和游牧生活，体现了人与自然的和谐统一。蒙古包是蒙古族智慧、思想和生活的集中体现。迁徙是游牧民族根据季节、气候、草场、牲畜及牧民的情况，有规律地移动的生产生活方式。迁徙更体现了人与自然的依生、共生、谐生关系。（图178、图179、图180）

图 180

蒙古包内方位的确定也体现出游牧民族的独特文化。火灶在蒙古包的中央位置，是蒙古包空间形成的标志物。“它在蒙古包空间形成时起记数点的作用，家庭的全部生活都围绕着这个地点进行。”以火灶为中心，其北侧位置、西侧位置、东侧位置、门边位置相应得以区分。

除此之外，还有从远古时期传承至今的将蒙古包方向用十二生肖来区别的方法，这在历史文献、游记等古籍中均有记载。蒙古包用十二生肖命名方位，体现出了在方位区分方面独特的传统习惯。在厄鲁特·辉特·松迪著的《星相·历法》中指出：从门的西侧毡子压缝开始分为马、羊、猴、鸡、狗、猪等，从门的东侧毡子压缝开始分为蛇、龙、兔、虎、牛、鼠等，方位是固定的，并且在哪个位置放什么东西都有一定的含义。

第二节　蒙古包的太阳计时法

历史上，人们很早就有利用日影确定时间的方法，并于几千

图 181

年前发明了日晷这种计时仪器。在蒙古高原，游牧民族也很早就掌握了这种利用日影测定时刻的方法。（图181）

蒙古人的传统计时文化在蒙古包内体现得最为显著。在过去，同计时方法欠发达的任何地方一样，茫茫大草原上，日月星辰是人们使用最广泛的计时工具。那时在屋外，人们看太阳、月亮等的位置判断和计算时间，就像现在的人看钟表一样。

即便是各种计时器具十分普及的今天，草原牧民还经常用古老的方法表达时间概念。“当太阳有套马杆那么高的时候，有一群马跑到河边来”，“宴会一直进行到三星西斜时”，类似这样的话我们经常能听到。太阳和三星是经常用来判断时辰的星体。

图 182

草原上使用更广泛的和更为准确的便是蒙古包里的太阳计时方法。蒙古包太阳计时就是根据从蒙古

图 183

包套脑（天窗）射进的太阳光照到的不同位置，比较准确地判断时辰的传统方法。（图182）它通常与传统的十二地支时辰表示法结合使用。

将从蒙古包套脑射入蒙古包内的太阳光照射点作为确定时间的依据，已有几百年历史了。利用标准蒙古包来测定时刻更为准确。标准蒙古包有4个哈纳，每个哈纳14个头，4个哈纳共计56个头，也就是能放56根乌尼，再加上门框上放道途的4根乌尼，正好是60根乌尼。如果制作标准，那么两根相邻乌尼的投影之间的夹角是6°，恰似现在的钟表盘面划分。（图183）

下面以夏日时间为例，详细介绍这种方法。

当夏日东方初晓，第一道晨曦抹在蒙古包天窗之时，便是“寅时”（约为3:00～5:00）或称“黎明时分”。这时，妇女们起床挤奶，男人们去收拢夜间放青的马群。蒙古族有一句谚语：“寅时不起误一天，少年不学误一生。”

当女人们挤完奶准备好早茶时，男人们从牧场上回家，初升的太阳把金色光芒刚刚撒到蒙古包套脑外框和乌尼上端之间，这时是“卯时”或叫“出太阳时分”（约为5:00～7:00）。

人们陆续回到蒙古包来喝早茶，并把羊群赶往草场。这时太阳照到乌尼的中段，是“辰时”或叫“早茶时分”（约为7:00～9:00）。

太阳照在哈纳的上端到下端之时是“巳时”或叫“小午时分”（约为9:00～11:00）。这时牧民们应该把牛羊放牧到离家较远的草场上了，而在家里的妇女正忙于加工奶食品。

太阳照射在上首铺位上时是“午时”或叫“正午时分”（约为11:00～13:00）。这时牧民们给羊饮水，并把放青的羊收拢起来“午休”，春夏季节里还要挤羊奶。午时被认为是最吉利的时分。结婚时，新郎一般在这个时候把新娘接回家里，或带着新娘往回返。

太阳从蒙古包东北角移到碗橱下摆处时是“未时”或叫“下午时分”（约为13:00～15:00）。这个时候，牧民把集中“午休”的羊群重新又赶往草场。

太阳从碗柜处逐渐上移到东哈纳的上端，这时相当于“申时”或叫“傍晚时分”（约为15:00～17:00）。这时，畜群从草场上往回返。秋天里，选择这个时候举行招福仪式。

太阳从哈纳头顺着乌尼上移，逐渐从天窗消失，这段时间相当于“酉时”或叫“日没时分”（约为17:00～19:00）。这时，畜群从草场上回到浩特，牛羊“哞”“咩”地叫着，妇女们挤奶忙碌（图184），孩子们帮着大人不是赶回贪吃的母牛就是驱赶那些发情的公牛。

图 184

“黄昏时分”或“天黑时分”相当于“戌时”（约

为19:00～21:00）。这时挤奶的妇女们提着盛满鲜奶的奶桶往家走，男人们安排完下夜工作后便收工回家了。有时候则一群人悠闲地坐在一起聊天。（图185）

图 185

此时，太阳从大地上收回美丽的余晖，高原上晴朗的夜空满天星斗，洒下柔和的光辉，似乎与人特别亲近。这时，草原上一片宁静，偶尔传来狗的叫声划破夜空传递着某种信息，在无边的静谧中给人一种不可名状的抚慰感。蒙古包内，人们围着文火烧红的土拉嘎，喝着奶茶聊天，或者听老人讲述古老的传说故事，缓减一天的疲劳。（图186）

图 186

当天空中三星高升之时，这段时间相当于“亥时”（约为21:00～23:00）。此时草原上万物生灵在大自然宁静的怀抱里进入甜蜜的梦乡。

草原上的牧民至今仍然根据传统计时方法安排畜牧业生产和生活。

第三节 蒙古包的文化传承

非物质文化遗产是中华优秀传统文化的重要组成部分，是中华文明绵延传承的生动见证，是联结民族情感、维系国家统一的重要基础。保护好、传承好、利用好非物质文化遗产，对于延续历史文脉、坚定文化自信、推动文明交流互鉴、建设社会主义文化强国具有重要意义。非物质文化遗产保护工作对各民族所创造的优秀传统文化的创新性发展和创造性转化提供了良好的保障。（图187）

蒙古包是蒙古族人民智慧的结晶。内蒙古自治区2008年申报的“蒙古包营造技艺”被列入国家级非物质文化遗产代表性项目名录。蒙古国2013年申报的“蒙古包制作技艺及其相关习俗”被列入联合国教科文组织人类非物质文化遗产代表作名录。

图 187

在内蒙古自治区，非物质文化遗产的保护工作也逐渐完善。相关蒙古包营造技艺的项目和传承人也在逐年增加。（图188）根据内蒙古自

图 188

治区非物质文化遗产保护中心的数据，蒙古包营造技艺有多个国家级项目保护单位和自治区级项目保护单位，有多位国家级代表性传承人和自治区级代表性传承人。

下表中为部分代表性项目和代表性传承人：

表1　国家级非物质文化遗产代表性项目名录

序号	名称	类别	公布时间	申报地区或单位
1	蒙古包营造技艺	传统技艺	2008（第二批）	内蒙古自治区文学艺术界联合会
2	蒙古包营造技艺	传统技艺	2008（第二批）	内蒙古自治区西乌珠穆沁旗
3	蒙古包营造技艺	传统技艺	2008（第二批）	内蒙古自治区陈巴尔虎旗

表2　国家级非物质文化遗产代表性传承人名录

序号	姓名	性别	民族	类别	项目名称	申报地区或单位
1	呼森格	男	蒙古族	传统技艺	蒙古包营造技艺	内蒙古自治区西乌珠穆沁旗
2	斌巴	女	蒙古族	传统技艺	蒙古包营造技艺	内蒙古自治区陈巴尔虎旗

表3　自治区级非物质文化遗产代表性项目名录

序号	项目名称	保护单位
1	蒙古包	内蒙古文联、西乌珠穆沁旗、陈巴尔虎旗
2	蒙古包	伊金霍洛旗
3	蒙古包（蒙古包营造技艺）	正蓝旗、阿鲁科尔沁旗
4	蒙古包营造技艺（土尔扈特蒙古包营造技艺）	额济纳旗非物质文化遗产保护中心

表4 自治区级非物质文化遗产代表性传承人名录

序号	项目名称	传承人姓名	民族	出生年月	保护单位
1	蒙古包	呼森格	蒙古族	1942.08	西乌珠穆沁民俗协会
2	蒙古包营造技艺（苇莲蒙古包）	苏嘎染（女）	蒙古族	1950.08	陈巴尔虎旗文化馆
3	蒙古包营造技艺	中那木斯来扎布	蒙古族	1952.11	阿鲁科沁旗文化馆
4	蒙古包营造技艺	斌巴（女）	蒙古族	1951.06	陈巴尔虎旗文化馆
5	蒙古包营造技艺	扎赛音乌其日拉	蒙古族	1956.10	正蓝旗文化馆
6	蒙古包	白音吉日嘎拉	蒙古族	1961.12	西乌珠穆沁旗民俗协会
7	蒙古包（蒙古包营造技艺）	乌力吉巴图	蒙古族	1958.03	阿鲁科尔沁旗文化馆
8	蒙古包营造技艺（土尔扈特蒙古包营造技艺）	达来	蒙古族	1953.08	额济纳旗非遗保护中心
9	蒙古包营造技艺（巴尔虎蒙古包营造技艺）	沙格德尔扎布	蒙古族	1955.11	新巴尔虎左旗乌布尔宝力格苏木乌兰诺尔嘎查呼伦贝尔羊扩繁场
10	蒙古包营造技艺	班凤斌	汉族	1967.02	苏尼特右旗双利民族手工艺品制作有限公司
11	蒙古包（蒙古包营造技艺）	赵富荣（女）	汉族	1963.11	正蓝旗文化馆
12	蒙古包营造技艺（巴林蒙古包营造技艺）	汪永山	蒙古族	1948.01	巴林左旗草原传统文化协会

非物质文化遗产保护工作不仅增强了基层农牧民的文化自信，也提高了他们对传统文化的再认识和创新能力。

第四节　蒙古包与乡村振兴

当前，在文旅融合背景下，蒙古包体现出其民宿、民俗文化体验价值。（图189）

当前，出游的高频化、多样化、个性化和碎片化成为国内旅游发展的趋势。旅游需求的全域化、泛景区化，引发了全域旅游需求。（图190、图191）若能把“共享单车”“共享农场”等共享理念引入畜牧业经济，因地制宜设计和建设好“共享牧场”，

图 189

图 190

便可以促进草原畜牧业生产经营方式转变，推动形成人、草、畜和谐发展的新格局（图192）。

共享牧场虽然是新理念，但是早在20世纪90年代末，其雏形即牲畜寄养模式已经出现，也已有比较规范的管理和内部结算方式。

共享牧场的建设符合共同富裕、集群发展的理念，研究和推

图 191

图 192

图 193

进共享牧场建设，是实现乡村振兴的一条可行之路。（图193）

近年来，牧区通过推行新型社区、特色产业、田园综合体、全域旅游等项目，以实现乡村振兴目标。（图194）在全域旅游的大平台上，有力推进一、二、三产业融合发展，达到绿色优先、守护边疆、产业兴旺、生态宜居、乡风文明、治理有效、生

图 194

图 195

活富裕、边疆稳定的目的。（图195）

蒙古包是草原文化显著的特征，是内蒙古大草原鲜明的符号，是牧人的家和依靠。蒙古包是游牧民族特有的文化模式，是蒙古族智慧的结晶。

后记

1978年的春天，父亲调到旗直机关工作。由于机关家属房紧缺，我们家就在林场办公室西侧搭建了蒙古包，一直住到1979年的秋天。我就是从这个蒙古包考上了锡林郭勒盟民族中学高中，是从牧区各旗县选拔到蒙中的第一批优秀初中毕业生之一。

从那时开始，我便对蒙古包有着一种特殊的亲切感。

我对蒙古包有意识的关注，是从2006年的苏尼特传统蒙古包风俗展开始的。此次风俗展是在达·查干、尧·额尔敦陶克陶两位老师的策划设计下完成的。这次展览结束后，我购买了参展的两个蒙古包，其中一个现存放在苏尼特博物馆。牧民把自己生活使用的蒙古包低价卖掉，此事让我意识到蒙古包传承与保护的重要性。2017年，通过向自治区积极申报，苏尼特左旗获得“内蒙古蒙古包文化之乡”和“内蒙古蒙古包文化研究基地”称号。2019年，借内蒙古自治区党委宣传部举办的“草原上的蒙古包设计大赛”之机，在全旗范围内举办了“苏尼特左旗蒙古包评比活动”。在这一系列工作中，我专程拜访了郭雨桥、布和朝鲁等专家学者，因此对蒙古包有了更加深入的了解。

我想为初到草原的游客简要介绍草原文化、游牧文化，而了解草原的切入点是“蒙古包”。从此，我便开始追溯蒙古包文化，为乡村振兴献计献策。

认识内蒙古民族文化产业研究院院长、内蒙古师范大学教授董杰博士，使我更加执着地关注草原文化、畜牧产业，并认识到蒙古包可以与旅游结合，与乡村振兴结合，是全域旅游时期难得的机遇。

在编写本书的过程中，我更加深刻地认识到蒙古包的文化价值和对于草原畜牧业的重要作用。本书试图以蒙古包作为突破口，解读草原文化和草原生态保护与利用的关系。

本书的编写，参考或摘录了布和朝鲁编著的《蒙古包文化》、扎格尔主编的《蒙古族民俗文化·居住文化》、郭雨桥撰写的《细说蒙古包》、中国人民政治协商会议东乌珠穆沁旗委员会编写的《蒙古包文化》、嘎林达尔主编的《蒙古包传统礼仪》、达来巴雅尔编著的《蒙古包》以及蒙古国麦达尔和达力苏荣合著的《蒙古包》等的重要论述，参阅了格日工作室的文章资料。同时，得到董杰教授、扎格尔教授、布和朝鲁研究员和郭雨桥、叔嘎拉、包瑞芸等专家，以及格日勒图、牧兰、余福等朋友的大力支持与帮助，哈伦对图片的筛选做了大量工作。在此一并表示衷心的感谢。还要特别感谢为本书撰写序的郭雨桥先生、尧·额尔登陶克陶先生。

由于本人的水平所限，对一些问题的阐述可能还欠准确和科学，个别地方难免有不妥之处，敬请读者批评指正。

纳日松